ここから始まる 算数の世界

ベテラン公認会計士 が 語る

深い学び を 君に！

The important thing is to keep trying

はじめに

この本は、「学力のびのび塾」で学ぶ君たちのために書いた。

それは、「なぜ、こんな基本的なことを理解していないのか」と疑問を感じたことと、ちょっとしたヒントで理解をしてくれた体験もしたからだ。

教室で君たちに説明する場合は、１分が限界であることを痛感（つうかん）していたので、自分でじっくり考えてもらうために、つまずき箇所（かしょ）にフォーカスして書き綴（つづ）った。

注「学力のびのび塾」とは、坂戸市が小学4年生と5年生を対象に実施している学習支援事業。

謝辞

ここでは、文部科学省の学習指導要領改訂の方向性……「何ができるようになるか」「何を学ぶか」「どのように学ぶか」などを考慮して、算数の「新しい学び方」を試みた。

また、坂戸市が採用を予定している新学習指導要領による2020年度版「新しい算数」を参考にした。

しかし、最も感謝すべきは、この本のきっかけを作ってくれた君たち「学力のびのび塾」のメンバーだ。

2020年3月　　楠山 正典

この本の利用にあたって

小学生の君に

この本のすべてを理解する必要はない。
君たちが最低限、理解すべきところは、できるだけやさしく書いた。この本の攻略法は、解るところを徹底的に深く理解することだ。いずれ連鎖反応が起こり、すべてをマスターするだろう。

保護者へ

正解が答えられることと、本当の理解は違う。
自分で考え、自分で解決する力が育つように、この本を上手に活用して、教えるのではなく、子どもと一緒に楽しんで欲しい。

学生や社会人へ

この本は、小学生が6年間で学ぶべき内容のエッセンスだが、中学、高校でも役に立つだけでなく、社会人になった時にこそ、この本の威力が発揮できるように工夫した。

CONTENTS

CONTENTS

0章

算数をなぜ学ぶのか

① 自分にとって何の役に立つのか

学校で習う知識それ自体は、直接に役に立つことはなくとも、勉強する過程で積み上げられた「思考力のきたえ」は、未来の人生を拓く礎となる。

それは、イヤになった時の「乗り越えるための粘り」でもある。算数の苦手な人ほどチャンスだ。

② どこまで勉強するのか

私の経験からすると、数学に関しては、小学校の算数が本当に理解できていれば、大人になっても困ることはない。大学にもよるが、分数のできない大学生もいると聞く。算数の基本をよく理解していないことは、大問題だ。

君たちは、難問や奇問にチャレンジする必要はない、教科書の基本問題ができれば、十分だ。

基本以外は、「分らなくても、OK」とするぐらいが「算数嫌い」にならない秘訣かもしれない。

③ どう勉強すればよいか

数学そのものは抽象的な学問であるかもしれないが、小学校での算数は、できる限り生活に当てはめて学ぶと理解しやすい。
　ドリルを数多くこなすことよりも、「考え方を深く学ぶ」ことの方が重要。
「ただ、先生に教わる」という考えは、改め、「自分で探求（たんきゅう）する」考えで取り組むべきだ。
　そのためには、基本をしっかり理解することに尽（つ）きる。
　また、解らないことが質問できるようになれば、合格だ。

　話は変わるが、…………

　ある公立中学の学校見学に参加したところ、数学の授業であったが、3人から4人のグループに分かれて、楽しそうにタブレットを操作していた。
　自分の好きなところから、自分のペースで自由に学べることが、ウケているようだった。

「タブレットの場合、とにかく、成績の伸びが極めて高い。先生が教えるよりも、$\frac{1}{2}$から$\frac{1}{5}$の時間でマスターする子がほとんど」との校長の話は、印象的だった。

　これからは、タブレット端末を、はるかにしのぐオンラインによるアクティブラーニングが普及するだろう。それは、インターネット接続環境と授業に集中できる場所があれば、どこでも受講可能だからだ。

近い将来、現実社会で活躍できる総合力を身につけるために、すべての人が自発的に学べる環境が整って行くに違いない。

それは、それぞれの教育機関の壁を越えた多様なプログラムになるだろう。

Iの部

計算の巻

算数が生活や仕事と、どう関わるかは、「IIの部 生活の巻」から始まる。

しかし、その基礎は、この「Iの部 計算の巻」にある。

君にとって、あまりおもしろくないかもしれないが、この「計算の巻」を本当の意味で理解していないと、中学数学だけでなく、その後の人生の展開に影響することを忘れないで欲しい。

では、はじめよう！

理解しながら進めば、分数も必ずや理解できるようになるはずだ。

1章

数とは何か

数は、何かを数えたり、長さや重さを測ったり、時刻を伝えたり、買い物などの日常生活の中で使っている。
今では、0　1　2　3……などのインド・アラビア数字が世界中で使われている。

ここでは、「0の理解」を深めることによって、ぜひ、「0」と云う数字が、どんなに重要かを知って欲しい。

1 数のない世界

ブラジルのアマゾンの奥地に暮す少数部族の中に、「数の考え」がなく、数を表す言葉もない人々がいる。それは、生活に必要がないからだ。
しかし、子どもの頃から、身近に生えている草花の特徴などを良く知っているので、知性がないわけではない。
何れにしても、君たちが生きている高度な文明社会を持続させるためには、数学が必要であることは云うまでもない。

算数と数学の違い

この本では、算数と数学の用語を次のように使い分けている。
「数学」は、公式や方程式などによる普遍的（誰が解いても同じ）な解決法。つまり、問題の状況を公式や方程式に当てはめれば、決まった数式操作で簡単に解ける。

そして、「算数」は、問題に応じて、君たちが考えた個別的な解決法。

例えば、つるかめ算では、全部が「かめ」と仮定して解く。そこでは、フィクションを創造する能力が求められる。

まさに、算数を学ぶ目的は「問題を数的なひらめきで考える力」すなわち「算数のセンス」を磨（みが）くことにある。決して、公式などによる解き方を暗記することではない。

2 小学校で扱う数の種類

最初に習うのが整数 … －2　－1　0　1　2　3 … など。なお、「－」は、マイナスと読む。0より小さい「負の数」は、中学で学ぶ。

そして少数 … 1.0　0.1　0.01 … など。

最後に分数 … $\frac{1}{1}$　$\frac{1}{2}$　$\frac{1}{3}$ … など。

これは「単位分数（分子が１）」と呼ばれ、一番大事な分数だ。

また、$\frac{1}{2}$ に等しい分数は無数にある。

例えば $\frac{2}{4}$ $\frac{4}{8}$ $\frac{8}{16}$…など。

君たちが習う数は、すべて「数直線（すうちょくせん）」上にある。大小関係などに迷ったら数直線で確認するといいかも。

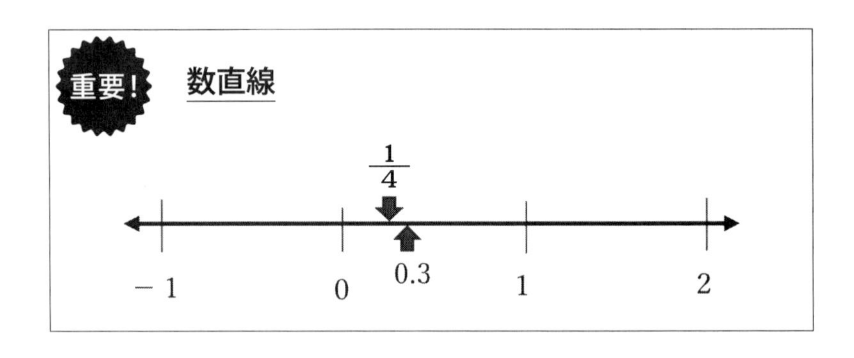

また、将来、数直線にない数（虚数（きょすう））も学ぶかもしれないね。

3 0の理解

数字のヒーローは、ゼロだ。ゼロほど役に立っている数字はない。そのゼロの役割は次の３つ。

- ◆ 何もないと云う意味でのゼロ。
- ◆ 温度計などの基準値としてのゼロ。
- ◆ 多数桁の計算のための空位のゼロ。例えば、数の7003は、十の位と百の位がゼロであることを示している。

0がなければ、コンピュータは動かない

次のような在庫表があったと仮定する。

「消しゴム」の在庫が0のため、数量と金額が「空白」となっている。これは、手書きの在庫表では問題はない。

品　目	単価	数量	金額
鉛筆	50	10	500
消しゴム	100		
ノート	120	5	600
合　計			1,100

しかし、コンピュータの計算では、空白は文字として扱われ、計算の対象外であるため、エラーとなる。そこで、計算可能な0が必要となる。

それ以外の解決法は、「消しゴム」の行を削除するという非現実的な方法しかない。0があるために、在庫リストの品目を加えたり減らしたりする作業は要らない。

4 マイナスの数

身近に見かけるマイナスの数には、温度計の氷点下３度、家計収支の赤字や住宅ローンなどがある。

資産から負債（借金など）を引いた金額がマイナスの場合には、どんなに多くの資産を持っていようとも大変だ。

このようにマイナスの数は、色々な局面で登場する不可欠な存在だ。

5 何番目とコード

♦ 算数の世界では、たし算、引き算、かけ算、割り算の４つの計算法を「四則計算」と云う。

♦ １個、２個と数えることのできる整数などは、四則計算ができるが、四則計算の対象にならない数字もある。

♦ 例えば、１番、２番、３番……など。

♦ マイナンバー、商品コードや電話番号は「コード」と呼ばれ、一つ一つを識別するためのものだ。絶対、同じものは存在しない。

2章

たし算と引き算

君たちの中には、競争心が働くのか、人よりも速く計算しようとして単純なミスをする人もいる。落ち着いて計算した方が練習の効果は高いと思う。

ところで、スーパーコンピュータは、1秒間に1京回も計算する。1京回は、1兆の1万倍の回数。

これを実現しているのは、様々な技術だが、そこには隠れた主役がいる。コンピュータの世界では、0と1の2つの記号だけで、すべてを処理している。この「2進法」と云う極限までにシンプルな世界が、そこにあるから実現できた。

君たちの頭や生活は、10進法の世界だ。まずは、そこから基本の基本をじっくり学ぼう。

1 10進法を理解しよう

今、君たちは、0から9までの「たった10種類の記号」だけで、どんな大きな数も表現できる方法を持っている。それが「10進法」だ。

ソロバンをみれば、明らかなように、右から一の位、十

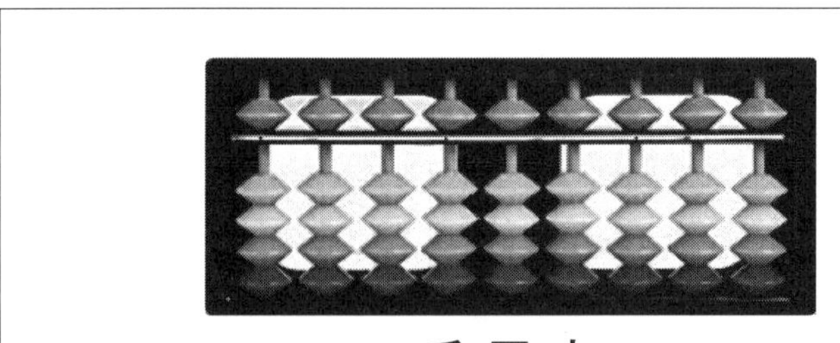

千 百 十 一

の位、百の位……と位が10倍のスピードで、上がっていく。

また、ソロバンの「一の位」を縦方向に見ると、真ん中を横に走る棒の上側に「5の玉」が1つ、その下側に「1の玉」が4つある。その結果、そこに収容できる数の上限は9（5の玉が一つ＋1の玉が4つ）になる。

例えば、9に1を加えると、十の位に1が立ち、一の位はゼロになる。これが10進法の仕組みだ。

位取り10進法を深く理解するためには、一の位は1円玉、十の位は10円玉、100の位は100円玉、1,000の位を1,000円札……と想像して「筆算」すると、なぜか実感がわく人もいる。

2 「10の補数（ほすう）」を理解しよう

「10の補数」は、5つのパターンからなる。

10の補数表

「10の補数」とは、
ある数 + 補数 = 10が成り立つ数のこと。

5の補数は5　　$5 + 5 = 10$
4の補数は6
3の補数は7
2の補数は8
1の補数は9　　$1 + 9 = 10$

これを覚えてしまえば、引き算をたし算だけの計算法で行うことができる。

なお、$1 + 9 = 9 + 1$（交換（こうかん）の法則）なので、意識的に半分を省略している。

九九表と云えば「かけ算の九九表」だが、「たし算の九九表」も考えられる。

それは「1たす1が2」……「9たす9が18」となる。

「１桁同士のたし算」を暗記することも大切だが、ムリして覚えることはない。

この本では、「１桁同士のたし算」のすべてを暗記していることを条件としない。それは、暗記することよりも、たし算と引き算の原理を深く理解して欲しいからだ。

いよいよ、たし算と引き算が始まるが「０の理解」、「10進法」と「10の補数表」の３つをマスターすれば怖いものはない。今後のためにも、この3つを深く理解することが一番大切だ。

3 たし算は、どのように行うのか

2＋3は5だね。5＋5は10だね。

ここまでは10本の指を使ってできるが、8＋5の計算は指算（ゆびざん）ではできない。

例題で試してみよう。

8　＋　5　＝？

⇩　　⇩

（8＋？）＋（2＋3）＝

まず、8を10にする方法（くり上げる）を考える。

そこで、5を「2（8の補数）」と「3」とに分解する。

これを整理すると、

＝（8＋2）＋3＝10＋3＝13

この一連の作業は、慣れてくると、一瞬でできるようになるから心配はいらない。

「くり上がり」とは、1円玉10枚を10円玉1枚に交換すること。

4 引き算は、どのように行うのか

補数法を使って、引き算をたし算だけで計算しよう。

例題で試してみよう。

15　－　7　＝ ?

⇩　⇩

(5 ＋ 10)　－　7　＝

5から7は引けないので、10を借りる（くり下がり）。

これを整理すると、

＝ 5＋(10 － 7)＝ 5 ＋ 3 ＝ 8

「くり下がり」とは、10円玉1枚を1円玉10枚に交換すること。

トライ問題に挑戦

1000 − 872 = ？

=（1 + 999）− 872
= 1 +（999 − 872）
= 1 + 127 = 128

これは、面倒な「くり下がり」の計算をさけるための工夫だね。

5 筆算について

今は、仕事でも日常生活でさえも、筆算で計算することはほとんどない。たまに、暗算や電卓算（昔はソロバン）をする程度だ。

未来に生きる君たちには、筆算による計算能力は求められていない。桁の多い計算を練習することはムダなのかもしれない。

おもしろい　たし算

水と炭酸ガスに圧力を加えると炭酸飲料ができる。これを化学式で表すと次のようになる。

H_2O　＋　CO_2　＝　H_2CO_3

でも、圧力の影響がなくなると徐々に水と炭酸ガスに分離し、炭酸ガスは、泡の形で水中から放出されて、ただの水になる。

地球温暖化の悪者と云われる二酸化炭素（CO_2）は、身近に存在する大切な化合物だ。植物にとっては、光合成（植物の葉が太陽の光を受けてデンプンなどの養分を作ること）を行うために不可欠な原料でもある。

ただ、人間の愚かさにより、地球全体で、そのバランスが崩れて、気温上昇に伴う気候変動が起きているにすぎない。

3章

かけ算と割り算

かけ算と割り算は、九九を覚えることから始まる。

そこで、チョット変わった九九表を紹介する。

これは、九九で苦労していた「学力のびのび塾メンバー」と一緒に考えたものだ。

なお、これまで学習してきた「０の理解」、「10進法」と「10の補数表」の３つに加え、「かけ算の九九表」をマスターすれば、この「計算の巻」の攻略もそれほど難しくはない。

1 かけ算の九九表

	2	3	4	5	6	7	8	9
2	4	6	8	10	12	14	16	18
3		9	12	15	18	21	24	27
4			16	20	24	28	32	36
5				25	30	35	40	45
6					36	42	48	54
7						49	56	63
8							64	72
9								81

２の段は「２×２が４」から始まって８個、

３の段は「３×３が９」から始まって７個、……

９の段は「９×９が81」の１個を覚えれば十分。つまり、全部で36個を覚えればOKということ。

九九の覚え方

まず、二二が4、三三が9……九九81と斜めに覚える。
次に、5の段を五五25、五六30……五九45と覚える。
そして、9の列を二九18、三九27………九九81と覚える。

上記の3つのラインをマスターすると、あとは覚えようとしなくとも、自然に身につく。

なぜ、これで十分なのかは、「9 × 8」は、「8 × 9」と同じことだからだ。

かけ算の交換の法則とは

○ × ▲ ＝ ▲ × ○

2 かけ算は、どのように行うのか

例題で試してみよう。

$$13 \times 4 = ?$$

⇩ ⇩

$$(10 + 3) \times 4 =$$

$= 3 \times 4 + 10 \times 4 = 12 + 40 = 52$

君たちは、この作業を筆算でしていることに気づいたかな。

これは、かけ算の「分配の法則」と云われるものだ。

(○ + △) × ■ = ○×■ + △×■

トライ問題に挑戦

$9{,}700 \times 30 = ?$

$= (97 \times 3) \times (100 \times 10)$

$= 291 \times 1{,}000 = 291{,}000$

3 割り算は、どのように行うのか

例題で試してみよう。

52 ÷ 4 ＝ ？

これを、52円を４人兄弟で平等に分けるにはどうするか、の問題として考えよう。

ここでは、１円玉が52個ではなく、10円玉が５個と１円玉が２個の場合とする。

◆ 10円玉を４人に１個ずつ配る。
◆ 残った10円玉１つは、お母さんに頼んで１円玉10枚に交換してもらう。
◆ １円玉12枚を１人に３枚ずつ配る。

これが、割り算を筆算で行っている場合の「計算過程のイメージ」だ。

4 割る数が２桁以上の場合の商

商とは、「しょう」と読み、「割り算の答え」のことだ。
そして、割る数が２桁や３桁になると、商を立てる（見つけること）のに苦労する人がいる。

例題で試してみよう。
392 ÷ 56 ＝ ？

まず、割る数56を一つの「かたまり」と見ること。
そして、56を「およその数60」でイメージする。

60 × 7 ＝ 420と60 × 6 ＝ 360を比較すると、より392に近い7を商とする。
これは、コツさえつかめば、簡単にいく。

割る数が2桁以上の場合の商の立て方は、一つの「かたまり」とみて、「およその数」でイメージする。

5「あまり」のある割り算

算数の世界だけなら、「あまりは３です」で終わるかもしれない。

しかし、私たちの生活では、あまりの取り扱いが、重要となる。

次の例題で「あまりの取り扱いの違い」をよく理解しておこう。

■ 例題 1

ケーキが23個あるとする。これを４個入りの箱に詰めると、箱は、いくつ必要か。

■ 例題 2

タイヤが30個あるとする。１台当たり４個使うと、何台完成できるか。

考えのヒントは、以下の通り。

＊ケーキの箱が５箱（４×５＝20）だと、
　３個のケーキが残るので、
　答えは６箱だね。

＊７台作ると、28個（４×７台）が使われる。
　あまりの２個だけでは、車は完成できないので、
　答えは７台だね。

4章

計算のルール

四則とは、たし算と引き算、かけ算と割り算の４種類の計算のことだ。この四則の間（あいだ）には、計算の順序（一定のルール）がある。

そこで、四則の混ざった場合の計算方法をパターン化して学ぶ。

また、０の混ざった計算についても確認する。

❶ たし算と引き算が混ざった場合

10 － 3 ＋ 4 ＝ ？

3 ＋ 4 ＝ 7を先に計算するのは誤り。

つまり、たし算と引き算も好きな順序では計算できない。

左から順番に計算する。

10 － 3は、7なので、

7 ＋ 4 ＝ 11

（参考）これを「たし算のみ」で表現すると

10 ＋（ － 3 ）＋ 4 ＝ 11

「ひく3」とは、「マイナス3」をたすことだ。

2 かけ算と割り算が混ざった場合

9 ÷ 3 × 2 = ?

3 × 2 = 6と先に計算するのは誤り。

左から順番に計算する。

最初の9を3で割り、そして、2をかけるのが正解。

3 × 2 = 6

実は、9 ÷ 3 × 2を分数で表現すれば、簡単に理解できる。分数の登場が楽しみだね。

3 四則が混ざった場合

10 − 9 ÷ 3 × 2 = ?

左側から順番に計算するのは、誤り。

「かけ算と割り算」は、「たし算と引き算」に優先するルールがあるから。

（　）を使って、式を変形する。

10 −（ 9 ÷ 3 × 2 ）

（　）の中を左から順番に計算すると6

= 10 − 6 = 4

かけ算と割り算は、たし算と引き算に優先する。

もし、たし算や引き算を優先したい場合には（　　）を用いる。

例えば（５＋２）× 20 ＝ ７ × 20

❹ 計算のための条件

現実の社会では、目の前にある数を、そのまま合計するわけにはいかない。

例えば、パソコン２台と鉛筆３本は、そのまま合計して５個では、何か変だね。

また、駄菓子屋（だがしや）での買い物で、お菓子の個数だけを数えていたのでは、代金が計算できない。

そこで、10円のアメ５個と100円のチョコレート２個を買うと、10 × 5 + 100 × 2 = 250円となる。

このように、金額（統一の尺度）で評価（数量×単価）することによって、たし算が可能になったのだね。このことは、非常に重要なことなので忘れないで欲しい。

5 0のかけ算

ケース1　0 × 4

２Lのペットボトルが４本ある。それぞれのペットボトルの合計容量は、どうなるか。

満杯ならば　　2L × 4 ＝ 8L
半分ならば　　1L × 4 ＝ 4L
空ならば　　　0L × 4 ＝ 0L

ケース2　4 × 0

四輪自動車が３台駐車している。１台ごとに出発したら。
駐車場のタイヤの数の変化を調べよう。

◆ 最初は12個　　4 × 3
◆ １台出発すると、残りは８個　　4 × 2
◆ もう１台出発すると残りは４個　　4 × 1
◆ 最後の１台が出発すると、残りは０個　　4 × 0

大きな数を何個かけようが、１つでも０があると、答えは０になる。

人生は、油断すると日頃の努力が０になることもある。

❻ ０の割り算

ケース１　０÷４

０を何で割っても、なぜ０か。

◆ ケーキが２個ある。
　４人で分けると、各人の取り分は、２分の１

◆ ケーキが１個ある。
　４人で分けると、各人の取り分は、４分の１

◆ ケーキが０個ある。
　４人で分けると、各人の取り分は、　０

ケース2　4 ÷ 0

今までの流れからすると「ある数字を0で割ると答えは0になる」と考えがちだが、0にはならない。

もし、何かを0で割る問題が出題されれば、「計算不可能」というのが答えになる（出題されることはないけど、知っておこう）。

しかし、現実には、コンピュータの世界での話だが、プログラムミスなどが原因で、結果として、0で割ることが起こる可能性がある。

その場合、いつまで経（た）っても計算が終了しないので大事件となる。

5章

およその数（概数(がいすう)）

国の予算などの大きな数に対して、すべての桁を読み上げると大変なだけでなく、間違いの原因となる。そこで、現実の社会では、日本の人口は１億３千万人、人間を構成する細胞の数は60兆個などと、ほとんどが「およその数」で表現される。

この「およその数」のことを漢字で「概数（がいすう）」と呼んでいる。

1 大きな数の呼び方

ある数　**9,8765,4321** を
漢数字で表現すると、

九**億** 八千7百六十五**万** 四千三百二十一となる。

日本の漢数字での呼び名は、４桁ごとに区切られている。

しかし、現実の社会では「 987,654,321 」と３桁ごとにカンマがつけられている。それは、欧米では、大きい数を３桁ごと（ ミリオン＝百万やサウザンド＝千 ）に区切っているからだ。

2 概数の表し方

日本の人口を概数で示すと、「130,000,000人」である。この内、先頭の13に注目して「有効桁数が2桁の概数」と云う。

概数の作り方のポイントは、有効桁数を何桁にするか、と有効桁未満の数をどう取り扱うか、にある。

四捨五入されることが多いが、四捨五入の計算は、面倒なので「切り上げ」や「切り捨て」もある。

なお、上から「1桁だけの概数」にする方法などもあるので、柔軟に考えること。

また、大きな会社で作成される決算書(けっさんしょ)などでは、切り捨てによる方法が法律上認められているので、そこに表示される個々の金額を単純にたしても合計金額と一致しないことになる。

3 概数の計算

■ 例題 1

＊＊＊　買い物のケース

概数で計算した方が、実際の値段で計算するよりも、どれだけ早いか、を体感して欲しい。

（単位：円）

品　名	実値段	概数
かき	172	200
りんご	189	200
バナナ	137	100
合　計	498	500

■ 例題 2

＊＊＊　電車代（かけ算）のケース

遠足に行くことになり、電車代を概数で計算することになった。

1人630円、39人では？

600 × 40 ＝ 24,000円となる。

実際は24,570円で、570円違うが、これを「誤差（ごさ）の範囲」と呼ぶ。細かいことを気にしない感覚が重要だ。

6章

少数の計算

今まで習ってきたのは、整数の世界。これから少数を学ぶわけだが、少数は、整数と同じような考え方で成り立っている。決して難しくない。

また、新型コロナウイルスの大きさは、0.0001ミリメートルのように少数で表現しない。

百万分の１ミリメートルを示す「ナノメートル」を使って、100ナノメートルと分かりやすく、整数で表現される。

1 少数とは何か

長さの単位にメートルなどがあるが、「１メートルよりも短い長さ」をメートルで表現したい場合に少数が必要になる。

例えば、単位をメートルに統一して、君の身長は1.5メートル、そして、赤ちゃんの身長は0.6メートルと表現できる。とても便利な数だと思う。

そこで、現実問題としては、次の「単位の換算例」と「重要！」が理解できれば十分だ。

単位の換算例

1リットル	10dL
0.1リットル	1dL
1メートル	100センチ
0.01メートル	1センチ
1キログラム	1000g
0.001キログラム	1g

0.5、0.1、0.01などの少数は、数直線上で、どこにあるかを必ず確認すること。

0.000001は限りなく0に近い。

2 少数のたし算

例題で試してみよう。

3.52 ＋ 2.1 ＝ ？

計算をしやすいように、2.1に0を付けて2.10にする。

あとは、小数点をそろえて計算するだけ。

答えは、5.62

3 少数の引き算

例題で試してみよう。

800 － 0.8 ＝ ？

800は整数なので、少数の0.8を、どう引くかに迷う人がいた。

そこで、800を800.0と少数に変身させて、問題は解決した。

答えは、799.2

小数が含まれる数のたし算や引き算を、筆算で行う場合には、小数点の位置をそろえる。

そして、整数は、簡単に少数に変身できる。

4 少数のかけ算

例題で試してみよう。

4.26 × 6.8 = ?

◆ 計算しやすいように右端をそろえ、426 × 68として計算する。

◆ 計算結果28968に対して、元の少数から小数点以下の桁数を数えると3（＝2桁と1桁）だね。

◆ 計算結果に対して、小数点の位置を右端から3桁移動する。答えは、28.968

しかし、慣れてくると、小数点を気にしないで計算して、最後に小数点以下の桁数を数えて、答えの小数点の位置を確定させる。

トライ問題に挑戦

7,200 × 0.08 = ?

= 7,200 × 0.08 ×（100 ÷ 100）

これを並べ替えると、

=（7,200 ÷ 100）×（0.08 × 100）

= 72 × 8 = 576

このケースは、7,200の方を100で割って、0.08の方を100倍している。

しかし、全体としては「1（＝100÷100）」をかけているので、答えには影響しない。

少数を好きになるためには！

君が「小数点の位置」を自由に移動できること。

そのためのルールを自分のものにすることだ。

5 少数の割り算

■ 例題 1

35 ÷ 0.07 ＝ ？

＝（35 × 100）÷（0.07 × 100）

＝ 3,500 ÷ 7 ＝ 500

割り算の場合、割られる数と割る数の両方に「同じどんな数」をかけても答えは変わらない。

■ 例題 2

17.55 ÷ 2.7 ＝ ？

この問題を解くために、式を変形すると、

175.5 ÷ 27 ＝ 6.5　となる。

この場合のポイントは、「割る数（2.7）」を整数にして、筆算をしやすくすることにある。ここでは、割られる数と割る数の両方を10倍しているね。

6 「あまり」のある割り算

少数の単元では、この「あまりのある割り算」の理解が天王山だ。この辺から算数が苦手になる人もいる。よく考えれば、必ず理解できるからね。頑張ろう！

例題で試してみよう。

27.7 ÷ 1.5 ＝ ？

277 ÷ 15で計算するのはOKだが、

その答えを「18あまり 7」とするのは、誤りだ。

割られる数と割る数の両方を10倍したので、商（18）は正しいが、あまりの 7 がダメ。

なぜ、だろう？？？

あまり７は、10倍された数のままなので、元の数の0.7に戻すことが必要だったのだ。

筆算上では、割られる数に打たれている「元々の小数点の位置」をそのまま下におろす。簡単だね、しかし、油断をすると間違う。

７「１より小さい数」で割ると

ある数を「１より小さい数」で割ると、その答えが「割られる数」より大きくなることに疑問を感じる人もいるね。

例題で試してみよう。

$1 \div 0.25 = 4$

丸いケーキを４等分すると0.25のショートケーキが４つできる。

これは、１の中に0.25が４つ含まれていることを意味する。

7章

公約数と公倍数

この章の目標は、分数の計算に絶対必要な「約分」と「通分」の基礎を理解することにある。

最大公約数と最小公倍数は、言葉に頼らず、内容で理解していると混乱が起きない。

なお、約分や通分のやり方を覚えるのではなく、その目的を意識すると理解が早い。

1 約数

約数とは、ある整数を割り切ることのできる整数。

12の約数は、次の6つのみだ。

1	12
2	6
3	4

2 最大公約数

分数において、分子と分母を「共通の約数（公約数）」で割ることができる。これを「約分」と云う。

その中で一番大きい約数で割ると、最もシンプルな形の分数で表現できる。

この公約数のことを「最大公約数」と云う。

■例題

最大公約数を求めよう。

分子が12で、分母が18のケースで試してみよう。

18の約数は、次の6つのみ。

1	18
2	9
3	6

12と18の「共通の約数」である公約数は、1、2、3、6であるので、最大公約数は6となる。

そこで、それぞれを最大公約数で割ると

（12 ÷ 6）= 2

（18 ÷ 6）= 3

$$\frac{12}{18} = \frac{2}{3}$$

この一連の作業を「約分」と云う。その目的は、分数をみやすくするためだね。

あとは、次の最小公倍数さえマスターすれば、いよいよ分数に駒を進められるね。

3 倍数

倍数とは、ある整数の整数倍になっている整数。

12と18の倍数を並べると、次のようになる。倍数はどこまでも続くので、6倍までとした。

	12	18
2倍	24	36
3倍	36	54
4倍	48	72
5倍	60	90
6倍	72	108

4 最小公倍数

上記の表で、共通の倍数は、36と72だね。そこで、一番小さい倍数が一番大事で、これを「最小公倍数」と云う。

分数のたし算や引き算をする場合、「分母がそろっている」ことが条件だ。

この分母をそろえる作業を「通分」と云う。

このためには、「共通の倍数（公倍数）」を探す必要がある。

通分の目的を考えて、その中で一番小さい公倍数が採用される。この公倍数を「最小公倍数」と云う。

8章

分数の計算

３人兄弟の山賊（さんぞく）がいた。奪（うば）った宝の分け前は、平等ではなく、長男の取り分を多くしている。彼らは、それを公平であると納得しているからだ。

山分けのやり方は、まず、７等分し、長男が３、残りの４を２人で分ける。

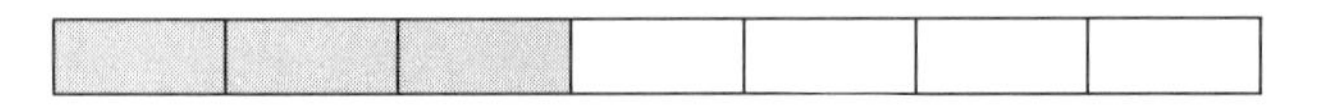

長男の取り分である網掛（あみか）けの部分は、どのように表現できるか。

少数で表すと、0.428571……となる。
このように、少数でも、正確には表現できない。

そこで、君は気づいただろうか。
まったく、新しい表現方法が必要なことを！

1 分数とは

◆ 分数は、2つの数を上と下に分けて書く。下の数（分母）は、全体がいくつに分かれているかを表し、上の数（分子）は、分かれたものが何個あるかを表す。

◆ 分数は、「1枚のピザの半分」というように、「1つのモノ」の1部分を表す。

◆ 世界には分数文化圏の国もあるが、中国や日本は、少数文化圏。欧米人に比べて、日本の小学生が分数を苦手とするのは、それが影響しているかもしれない。

◆ 数直線で示すと、その線上に分数は無数にある。

2 分数の種類

◆ 真分数：$\frac{1}{3}$や$\frac{3}{5}$のように、分子が分母より小さい分数。

◆ 仮分数：$\frac{4}{4}$、$\frac{7}{5}$のように、分子が分母に等しいか、分子が分母より大きい分数。

◆ 帯分数：$1\frac{2}{5}$のように、整数と真分数の和になっている分数。

単位分数

単位分数とは、「分子が１の分数」で、

$\frac{1}{2}$ $\frac{1}{3}$ $\frac{1}{4}$……など。

図で示された分量から、分数を求める問題が出されたら、「分母がいくつの単位分数」で表現されているか、を最初に確認する。

そうすると、どんなものでも自在に分数で表現できるようになる。すごいね。

では、その素晴らしさを、次の例題で試してみよう。

■ 例題

この例題は、君たちに単位分数を深く理解してもらうために作成した。

それは、この単位分数の理解が分数をマスターするための出発点と考えたからだ。

また、分数を含んだ文章問題も、この単位分数の理解が深まれば、決して難しくはない。

次の水の量を帯分数と仮分数で表せ。

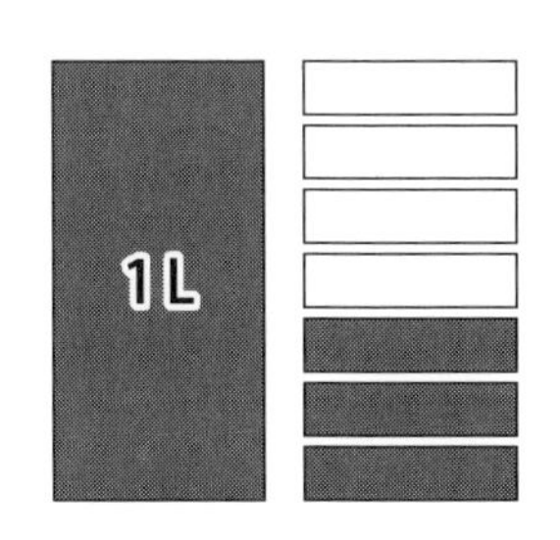

この場合、１Ｌを７等分しているので、

「単位分数」は$\frac{1}{7}$。

右側は、$\frac{1}{7}$が３つあるので、$\frac{3}{7}$と表現する。

すると、

全体を帯分数で表すと　「$1\frac{3}{7}$」

仮分数で表すと　$\frac{7}{7}+\frac{3}{7}=\frac{10}{7}$

約分についての補習

1を表す整数は1のみだが、1を表す分数は

$\frac{1}{1}$、$\frac{2}{2}$、$\frac{3}{3}$、$\frac{4}{4}$……と無数にある。

同じように$\frac{1}{2}$を表す分数も

$\frac{2}{4}$、$\frac{3}{6}$、$\frac{4}{8}$、$\frac{5}{10}$……と無数にある。

下の図で分かるように、「$\frac{1}{2}$のようかん」と

「$\frac{2}{4}$のようかん」の大きさは同じだね。

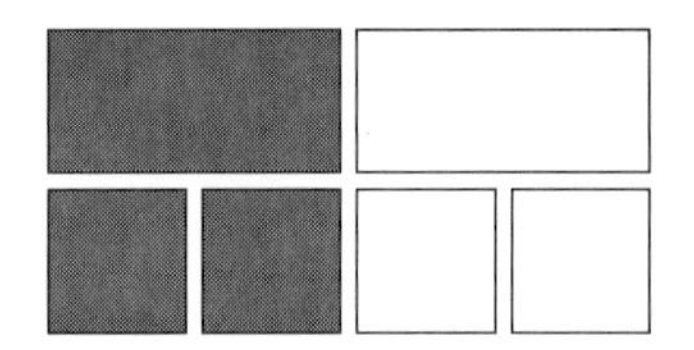

このように同じ数を表す分数が無数にあると混乱するので、一番シンプルな分数で表すルールがある。

その大切な作業が「約分」だったね。

3 分数のたし算と引き算

帯分数のまま計算する方法と仮分数に直してから計算する方法があるが、慣れれば、帯分数のまま計算する方が正確で速くできる。

■ 例題 1

$\left(3\frac{7}{9}\right)+\left(4\frac{5}{6}\right)=?$

これを最小公倍数の18で通分すると、

$\left(3\frac{14}{18}\right)+\left(4\frac{15}{18}\right)$

整数どうしと、分数どうしとたすと、

$=\left(7\frac{29}{18}\right)$

この仮分数の部分を帯分数に直すと、

$=\left(8\frac{11}{18}\right)$となる。

■ 例題 2

$\left(5\frac{1}{3}\right)-\left(1\frac{3}{4}\right)=?$

これを最小公倍数の12で通分すると

$=\left(5\frac{4}{12}\right)-\left(1\frac{9}{12}\right)$

$= (4\frac{16}{12}) - (1\frac{9}{12})$

$= 3\frac{7}{12}$

これは、$(5\frac{4}{12})$を$(4\frac{16}{12})$に変形する理由が分れば、あとは簡単だ。

4 分数のかけ算

質問

分数どうしのかけ算は、なぜ、分子どうし、分母どうしをかけるのか。

■ 例題

ここで、そのことを確かめてみよう。

$\frac{2}{5} \times \frac{1}{2} = ?$

ここに、アーモンドチョコが1箱ある。中を開けると、「２段 × ５列」なので、全部で10個。

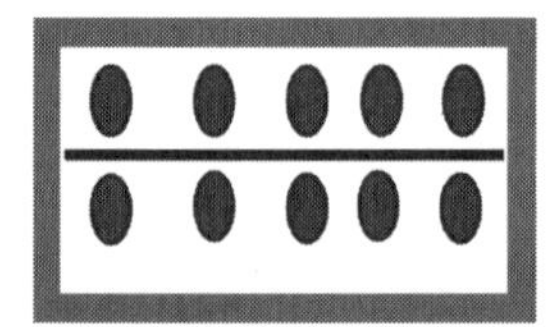

箱を見ると１列が２個だから、$\frac{1}{5}$は２個になる。

また、$\frac{2}{5}$は、$\frac{1}{5}$の２倍だから４個になる。

$\frac{2}{5}$（４個）に、「半分を意味する$\frac{1}{2}$」をかけると２個になるね。

重要！

ある数に「２」をかけると２倍になる。

ある数に「$\frac{1}{2}$」をかけると、ある数は半分になる。

$4 \times \frac{1}{2} = 2$

では、例題（$\frac{2}{5} \times \frac{1}{2}$）をルールに従って計算すると。

◆ 分子どうしをかけると

$2 \times 1 = 2$

◆ 分母どうしをかけると

$5 \times 2 = 10$

すると答えは $\frac{2}{10}$ となる。

アーモンドチョコは「1箱10個入り」だから、$\frac{2}{10}$は、2個のことだね。

答えは一致したね。

5 分数の割り算

質問

分数の割り算では、割る数の分数を、なぜ、分子と分母をひっくり返してかけるのか。

それでは、そのことを証明してみよう。

$\frac{3}{4} \div \frac{2}{5} = ?$

試しに、分数【$\frac{5}{2}$】を、割られる側と割る側の両方にかける(この場合、割られる側と割る側に、同じ数をかけても結果は変わらないので)と、次のようになる。

$= 【\frac{3}{4} \times \frac{5}{2}】 \div 【\frac{2}{5} \times \frac{5}{2}】$

すると、$\frac{2}{5} \times \frac{5}{2} = 1$　なので、

$= 【\frac{3}{4} \times \frac{5}{2}】 \div 【1】$

$= \frac{3}{4} \times \frac{5}{2}$になる。

ほら、÷ が × に変り、分子と分母がひっくり返ったね。マジックではないよ。これも立派な一つの証明だ。

このように、数学の世界では、式を変形させて、その内容を単純にする手法がよく使われる。

実は、算数のできる人は、このように式の操作を得意とする人かも知れないのだ。

このことを理解した君が、算数を得意とする日も近いかも知れない。

重要！

分数で「割る場合」には、「逆数」を「かける」。
逆数とは、分子と分母をひっくり返した数。

また、計算記号を「÷から×に変えることがセット」になっていることを忘れないでね。

6 いくつもの分数をかけたり、割ったりする場合

ここで、いくつもの分数をかけたり、割ったりする場合のコツを確認しよう。

それは、複雑なものをシンプル（整理）にしてから解く方法だ。

例題

$\frac{4}{5} \div \frac{1}{2} \times \frac{3}{4} \div \frac{2}{3} = ?$

いくつもの分数をかけたり、割ったりしているが、いくら増えても、ルールに従って計算するだけだ。心配はいらない。

このような項（ここでは一つ一つの分数のこと）の多い計算式をシンプルにすることを考える。

それは、計算記号を÷から×に変更（×に統一）するために、逆数（分子と分母をひっくり返した数）をかけることだったね。

すると、

$\frac{4}{5} \times (\frac{2}{1}) \times \frac{3}{4} \times (\frac{3}{2})$ となり、

シンプルに変身したね。

あとは、分数どうしのかけ算のルールに従って、

◆ 分子どうしをかけると

$4 \times 2 \times 3 \times 3 = 72$

◆ 分母どうしをかけると

$5 \times 1 \times 4 \times 2 = 40$

4と2が分子と分母にあるので、約分ができるので、

◆ 分子　$3 \times 3 = 9$

◆ 分母　$5 \times 1 = 5$

これを帯分数に直すと

$\frac{9}{5}$ ＝「$1\frac{4}{5}$」となる。

7 分数を少数に変える

例題で試してみよう。

$\frac{1}{4} = ?$

$= 1 \div 4 = 0.25$

分数を少数に直すには、分子を分母で割るだけだ。

8 少数を分数に変える

例題で試してみよう。

0.25 ＝ ？

$$= \frac{25}{100}$$

これを約分して$\frac{1}{4}$

10、100、1000……を分母とする分数をつくる。

あとは、約分をすればよい。

■ トライ問題 1

0.66666………は、「どこまでも 6 が続く少数」だ。
では、この少数を分数に直すことができるか。

0.66666……＝Aとすると、
10A ＝ 6.66666となる。

そこで、 9A＝10A － A　を計算する。
9A＝6.66666 － 0.66666 ＝ 6

$A=\frac{6}{9}=\frac{2}{3}$

■ トライ問題 2

少数と分数が混在するたし算は、どう計算するのか。

$0.2+\frac{2}{3}=?$

$\frac{2}{3}$は、正確な小数で表現できないので、

0.2の方を分数にすると、$\frac{2}{10}$

これを約分すると$\frac{1}{5}$

あとは、$\frac{1}{5}+\frac{2}{3}$を計算することになる。

無限小数について

分数$\frac{2}{3}$を少数で表すと、0.66666…………だったね。このような無限桁の少数を「無限小数」と云う。円周率π（3.14……）も無限小数だ。

少数と分数が混在した計算の場合、どちらにそろえるかは、君の自由だが、少数には、この無限小数があることを忘れないでね。

おまけの章

高校入試に備えて

1 戦略的な入試対策

算数を苦手とする人の中には、高校入試のことを考えると不安に感じる人もいるかもしれない。自分に合った入試対策を今から準備すれば大丈夫だ。

調べると、埼玉県全体の数学の平均点は、45点前後のようだ。合否の判定は、数学を含めた5教科の合計で決まる。

そこで、数学で平均点なんて無理と思っている人は、得意の英語などでプラス5点以上を目指せばいい。それが達成できれば、数学の得点は、40点以下で十分ではないか。

2 合格への道

さらに分析すると、数学の入試問題は、全体として5問の出題となっていて、そのうち第1問だけは、簡単な基本問題からなる「12の小問題」で構成されている。

ここでの各問は、小学校の算数が本当に理解していれば解ける問題で、しかも、配点は、第1問だけで、全体の半分にあたる50点となっている。

そこで、この第1問に試験時間50分の全部を投入して、80%の正解率が達成できれば、高校合格の道は開ける。

また、Ⅱ部「生活の巻」で学習する「割合と比」「比例と反比例」などもよく出題されている。

参考（県立高校の平成25年度の入試問題）

Ⅰ　次の各問に答えなさい。(50点)
（1）　$7x+x$　を計算しなさい。(4点)
（2）　$9+6\div(-3)$　を計算しなさい。(4点)

（　中　略　）

(11)　Dの数を求めなさい。(4点)
「今から、数あてをします。頭の中で考えてください」
「好きな自然数を1つ考えて、その数をAとしてください」
「Aに1を加えて、その数を2倍して、Bとしてください」
「Bに8を加えて、その数を2で割って、Cとしてください」
「CからAを引いて、その数をDとしてください」
（以下省略）

「計算の巻」　了

Ⅱの部

生活の巻

ここで学ぶ「大きさの単位」と「割合と比」は、日常生活や仕事では、欠くことのできない単元だ。しかも、「割合と比」は、君たちの最も苦手とする単元でもある。それは、「知識として覚える」と云う発想からの脱皮（だっぴ）なくして、この単元の習得は難しいからだ。この「生活の巻」を通して、算数が好きになれれば、きっと、君はHappyになっているだろう。

では、そのことを楽しみに、一歩一歩、確実に進もう！

1章

文章問題

そもそも、文章問題が苦手な人は、問題文をよく読んでいない。

そこで、名探偵になったつもりで、出題者の意図を探る(さぐ)と、その設問に興味がわく。

そして、問題文から得られた情報をメモし、その内容を分析していると、「解きたい」との意欲がわいてくるから不思議だ。

ここでは、「考えること」の楽しさを理解してもらうために、「つるかめ算」から始める。

そして、君の文章問題を解く力を強化するために、第3節に「文章問題を解くための3つの力」をまとめた。

さらに、バーチャル思考さえも自分のものにできれば、文章問題に対する恐れはなくなる。

1 和算のこころ

現代の算数の教え方が始まる以前、日本には「和算」と云う、江戸時代に独自に発達した数学があった。たくさんの人々が和算の問題に挑戦して楽しんでいた。その解法が描かれた色彩豊かな額絵(がくえ)を、神社などで見た人もいるだろう。

その和算の基本である「鶴亀算(つるかめ)」に挑戦してみよう。

お　題

月夜の晩に鶴と亀が集まった。
頭数を数えると10頭、足の数は28本であった。
そこで、鶴と亀が何頭いるかを計算せよ。

この問題の解法は、いくつもあるが、最も簡単な3つの方法を検討しよう。

一つ目は、公式による方法で、その公式は、江戸時代の和歌にも詠まれていて、次のように要約できる。

鶴の頭数を問えば、	
頭の数に二をかけて	$10 \times 2 = 20$
総足数の半分	$28 \div 2 = 14$
を引け。	6

２つ目は、中学校で習う方程式による解法。

鶴の頭数をX、亀の頭数をＹとして、次の方程式を解く。

$$X + Y = 10$$

$$2X + 4Y = 28$$

この方法は、あまりにも簡単そうだね。

つまり、問題の状況を方程式に当てはめることさえできれば、あとは、決まった数式操作で簡単に解ける。

しかし、方程式の存在理由が、問題解決の単純化にあるので、その目的は果たしていることは、認めるべきだ。

2 算数のセンス

３つ目は、試行錯誤(しこうさくご)（多くの失敗の連続）を繰り返しながら正解にたどり着く方法。

ここでは、全部が亀と仮定して解く。
そこで、「フィクションを創造する能力」が求められる。
　　全部亀だと仮定すると足は40本。
　　すると足が12本多い（40 － 28）。
そこで、6頭（12 ÷ 2）だけ、
　　亀を鶴に入れ替える。
また、1頭ずつ入れ替えて行っても正解に達する。

この試行錯誤による思考方法こそが、小学校で学ぶべき「算数のセンス」を磨くための王道ではないだろうか。

なぜなら、現実の問題には、その解決方法が公式などで用意されていない。

そこで要求される算数のセンスとは「問題を数的なひらめきで考える力」と「数的な操作で素早く解く力」とにある。後者は、AI（人工知能）によりサポートされるが、数的なひらめきは、人間に頼らざるを得ない。

3 文章問題を解く3つの力

1つ目は、問題文を理解する力。

問題文は、日本語で書かれているので、それを読み解くためには、国語力や教養が必要だ。

また、問題文を絵や図を用いて分析する力も必要になる。

2つ目は、正解の糸口を発見する力。

どんな問題に対してもあきらめないこと。複雑に思える問題でも、問題を単純化できれば、必ず糸口は見つかるものだ。

解くことが楽しくなるような成功体験を積むことにより、この能力は自然につく。

3つ目は、解答に至るまでのプロセスを組み立てる力。

料理を作るのにも手順がある。そこには、道具の確認、材料の手配、下ごしらえなど多くの段取りがある。この段取りを計画できる能力がプロセスを組み立てる力だ。

ここでは、「自分の思考回路にあったマイアプローチ」を習得することが最終目標となる。

4 バーチャル思考

ここでは、「現実にはない状況を仮想（かそう）する」ことにより解ける問題を体験してみよう。

追いつき算

子どもが家から学校に向かった。
弁当を玄関に忘れて行ったことに気づいた母親が、自転車で子どもを追いかけた。
子どもの速度は、1分間に50メートル、母親は200メートル。

母親は6分遅れで家を出た。
母親は、何分後に追いつくのか。

この問題は、「2人の動き」を「1人の動き」に変換して考える。そのために、現実にはないが「一方が静止していると仮想（かそう）」すること。

ここでは、子どもが静止。

1分間で、子どもは50メートル、母親は200メートル進むので、２人の距離差は150メートルだけ縮む。これが相対速度と云われる。

母親の出発時点での２人の距離差は300メートル（50×６分）であるので、300メートル縮めるための必要な時間は２分（300÷150）となる。

しかし、追いつく時間をXとして、
300＋50X＝200Xの方程式を解けば、簡単に計算できる。これでは、算数のおもしろさが実感できないね。

よって、好奇心を持って様々な角度からチャレンジする姿勢が「和算のこころ」かもしれない。

これから遭遇（そうぐう）する社会の複雑な問題は、ドリルの難問が解けても無力かもしれない。しかし、基本を深く理解していけば、問題解決能力は、確実にレベルアップしていく。

2章

大きさの単位

教科書では、最初１、２、３……などの抽象的な数の計算から始まるが、実生活では、１個、２メートル、３キログラムなどの「単位」をつけて使用している。

すでに、君たちは日常生活で使っているので、「なぜ必要か」の説明は、いらないね。

これから学ぶ「大きさの単位」を要約すれば、

種類	展　開	単　位
長さ	長さ 距離と道のり 面積（長さ×長さ） 体積（長さ×長さ×長さ） かさ	m ㎞ ㎡ ㎥ リットル
時間	時刻 時間 速度	1時30分 3時間 時速50キロ
重さ	量りで量る	kg
お金	各国の中央銀行が管理	円

㊟ 面積は３章、体積は４章で学ぶ。お金を除くそれ以外は、この章で取り上げている。

1 長さの単位

真っ直ぐな線を「直線」と云い、長さは、この直線で測る。また、これから学ぶ面積や立方体の計算では、この直線の長さのことを「辺」と云い、3つの次元から考えて、たて、横、高さを測定することによって計算する。

主な長さの単位

1メートルの1,000倍	1キロメートル　㎞
1メートルの1／1,000	1ミリメートル　㎜
1ミリメートルの1／1,000	1マイクロメートル　μm

これからは、AIと並んで微細技術の重要性が高くなるので、1マイクロメートルの大きさを確認しよう。60兆個からなる人体細胞の直径は、6～25マイクロメートルと云われている。

生物のからだが大きくなるのは、一つ一つの細胞の体積が大きくなるのではなく、細胞の数が増えるからである。人体もクジラも、一つの細胞から誕生し、分裂を繰り返すことによって細胞の数を増やして、大きな体を作っている。

ところで、大昔の人々は、物の長さを計るとき、体の一部の長さを単位としていた。例えば、親指と中指を広げた長さ（あた）や両うでを広げた長さ（ひろ：身長とほぼ同じになる。）などを使用していた。

そして、３あた、４あた……と倍数で長さを表現していた。この「あた」や「ひろ」などから発展した様々な長さの単位が、最終的に、世界基準としてのメートルに統一された。

メートル原器から光の速さへ

当初「地球の円周の4000万分の１」とされてきた１メートルの定義は、棒状の基準物である「メートル原器の長さ」を基準とする方法に変更された。

しかし、現在は、レーザ技術などの発展により、「真空中の光の速さ」を用いた定義に再変更された。

つまり、１ｍとは、「光が $\frac{1}{299,792,458}$ 秒間に進む距離」となった。

2 距離と道のり

君たちの住んでいる町は、草原ではないので、家から学校まで、最短距離である直線の上を歩いて行くことができない。現実は、道路に沿って学校に行くことになる。

そこで、この違いを明確にするために、最短距離である直線上の長さを「距離」と云い、そして、道路に沿って歩いた長さを「道のり」と云って、区別している。

■ 例題

A君とB君とでは、家から学校までの道のりは、どちらが短いか。

コンパスの使い方を工夫して、道のりを計測する方法を考えよう。

重要!

道のりの計算は、補助の直線を引いて、コンパスで、それぞれのコーナーまでの距離を写していくと求められる。

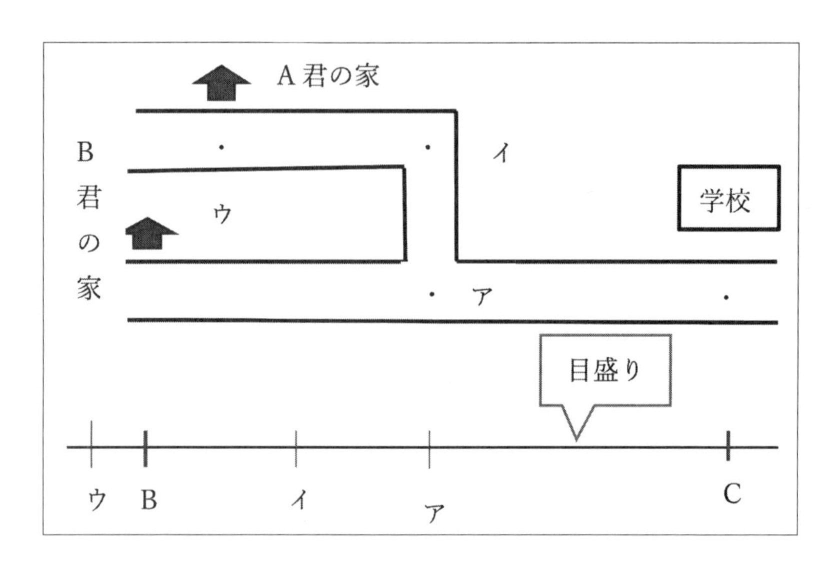

答えは　区間CB < 区間Cウ（Cア ＋ アイ ＋ イウ）

3 時刻と時間

時刻は、時の流れの中の一時点（瞬間のため大きさはない）を示し、時間は、時刻のある点から、別のある点までの「時の経過の長さ」を示す。

時間は、長さと同様に四則計算の対象になるが、時刻は計算の対象にはならない。

時間計算の問題は、時刻と時間の違いが明確に理解できれば簡単だ。

■ 例題

明日、お母さんと一緒にデパートに買い物に行くことになった。午後１時に出発して５時の帰宅予定。

そこで、どれだけショッピングを楽しむ時間があるかを計算してみよう。

まず、図を描いて、全体の状況を理解しよう。

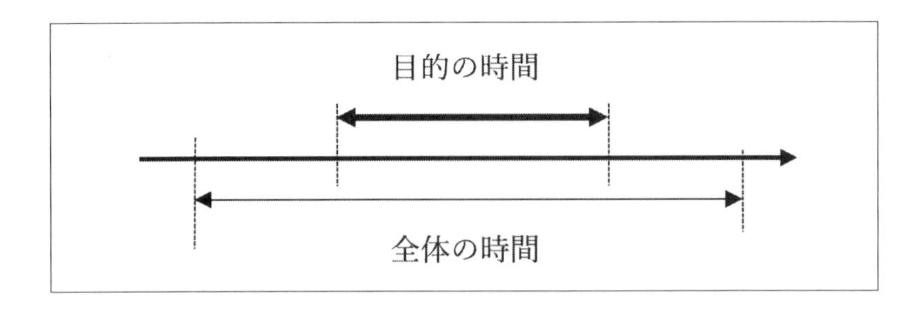

すると、全体の時間から移動時間を引くことにより計算できることが分る。

まず、全体の時間は、出発時刻から帰宅時刻までの「時間の経過の長さ」なので、4時間だね。

次に、インターネットで移動時間に関する情報を集めると、自宅から最寄り駅まで徒歩10分、電車の所要時間が53分、下車駅からデパートまでは徒歩2分であった。

これに余裕時間10分を加えて、片道の移動時間が1時間15分と計算された。

ショッピングを楽しむ時間は、

＝ 4時間（全体）－ 1時間15分（移動）× 2

＝ 1時間30分

江戸時代の時刻制度

江戸時代の時間の単位は、ほぼ2時間を「一刻（いっこく）」として、1日を12に分割していた。

そして、日の出前の薄明（うすあ）かりが始まった時を明六ツ（あけむつ）、日没後の薄明かりが終わった時を暮六ツ（くれむつ）として、昼と夜の境目としていた。

その結果、明六ツから暮六ツまでの時間は、夏が長く、冬が短いので、一刻の長さも季節により変動していた。

日本の冬は、気候的に厳しいので、この時刻制度は、農業生活には良く合っていた。

4 速さとは

一般的には、１秒間に何メートル進むかを「秒速＝m／s」、１時間に何キロメートル進むかを「時速＝km／h」と云う単位で表す。

ちなみに、光は１秒間に約30万キロメートルも進むことができるので、この１秒で地球を７周半もする。

重要！

時速は、1時間当たりの進む距離だが、１分当たりの分速、１秒当たりの秒速があるので、間違わないこと。

また、秒速を時速などへ自由に変換できるようにする。

道のりをかかった時間で割って求めたものを「平均速度」と云う。道路交通法のスピード違反は、その数秒間に出した最大速度で判定されると考える。そこで、計算上の平均速度と実際に動いている車の速度との違いを理解しておこう。

■ 例題

風速15メートル以上の「強い風」は、風に向かって歩けなくなり、転倒する人も出るほど危険だと云われている。

これを時速に換算してみよう。

風速15メートルは、1秒間に風が15メートル移動する速さなので、

15 × 60 × 60 ＝ 54,000「m ／ h」

＝ 54「km ／ h」

5 重さの単位

スーパーマーケットへ買い物に行くと、砂糖、肉やみそは、重さの単位としての「kg」で表示されている。ところで、この重さが、どうして生まれるか、疑問に思ったことはないかな。

答えは、重さ＝重力。重力とは、地球上で、物体が地面に引き寄せられる力のこと。言い換えれば、重さの原因を作っている力のこと。

また、重力は場所によって変化する。よって、君の体重は、地球より小さい月で測れば$\frac{1}{6}$になり、宇宙では0になる。

重力による重さの単位は「ニュートン（N）」であって、本来、kgは質量の単位だ。
しかし、地球上の普段の生活では「質量」と「重さ」は区別されることはないので、kgが質量でも、重さでも使われている。中学に行けば、理科で習う。

物の重さを量るためには、「量(はか)り」が必要だが、最近は用途に応じた様々な「台ばかり」が販売されている。

3章

平面図形の理解

ここでは、平面図形を様々な視点から検討する。

◆ 平面図形の面積と内角の和

◆ 拡大図と縮図

◆ 線対称と点対称

まず、平面図形の名前を覚えておこう。

大別すると、正方形のような幾何学的な図形と足跡のような非幾何学的な図形に分かれる。

そして、幾何学的な図形は、「角」のある三角形や四角形などと、角のない円などに分かれる。

三角形は、正三角形、直角三角形、二等辺三角形など。

四角形は、正方形、長方形、ひし形、平行四辺形、台形など。

1 四角形の面積

面積の計算は、四角形が基本なので、ここで、それを深く理解しよう。

なぜ、面積は、たて（長さ）× 横（長さ）なのか。単位は、なぜ、平方メートルなのか。

ここでは、「長さ」と「長さ」をかけることにより、「面積」と云う「新しい単位」を誕生させたと考えよう。

■ 例題 1

たて３メートル、横４メートルの面積は？

12（＝ ３ ×４）平方メートルと計算される。

ところで、12平方メートルの広さに、
たてと横が１メートルの正方形のパネルを、
何枚敷くことができるか。

図を描くと解るが、ちょうど12枚だね。

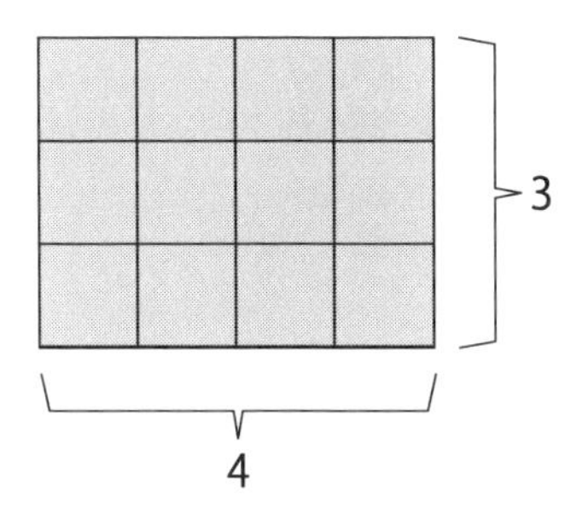

■ 例題２

１平方メートルのカベに、１平方センチメートルのタイルを張るとする。その場合、１平方センチメートルの小さなタイルを何枚用意する必要があるか。

ここでは、目地（タイルとタイルの隙間）は無視する。

１メートルは100センチメートルなので、

次の計算をすると、

100 × 100 ＝ 10,000

なんと１万枚だね。

図を使って確認しよう。マス目が100×100の方眼紙を頭の中で想像して…………。

思考実験

宇宙などを対象とする研究では、実在の実験室には限界があるので、「頭の中の研究室」を活用するしかない。

この想像力による「思考実験アプローチ」は、勉強以外でも、とても役に立つ。

2 三角形の面積

三角形は、角が一番少ないので「図形の基本単位」と云える。図形の面積問題は、この三角形の面積の理解がスタートとなる。

今、長方形に対角線(たいかくせん)を引くと次の図が描ける。

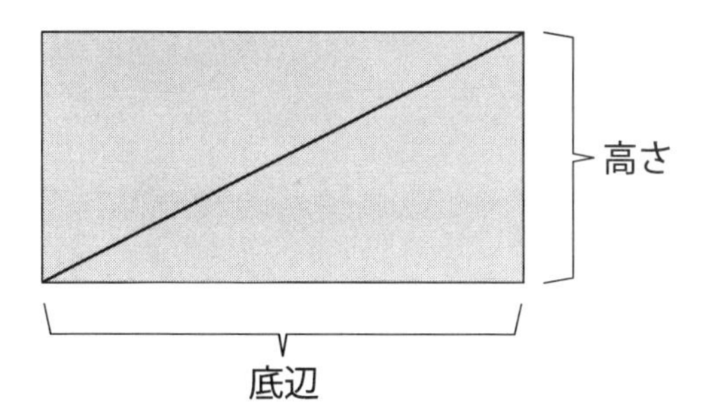

この図から対角線によって生まれた二つの三角形の大きさは、等しいことが分る。

であれば、三角形の面積 = 長方形の面積 $\times \frac{1}{2}$ だね。

重要!

三角形の面積 = 底辺(ていへん) × 高さ × $\frac{1}{2}$

この高さは、頂点(ちょうてん)から垂らした、底辺に垂直(すいちょく)な線分の長さ。

ただし、これは直角三角形の場合だ。それ以外の場合も試してみよう。

■ 例題

三角形の頂点Aが底辺BCの外側にある場合の三角形の面積でも、公式が成り立つのか。

まず、三角形ABCを中心に、四角形AFBDと四角形AECDを作る。

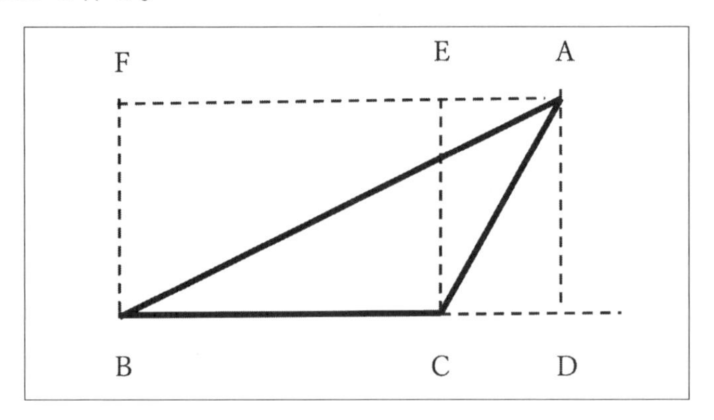

すると、図から三角形ABCの面積を求めると、

＝直角三角形ABDの面積－直角三角形ACDの面積

＝四角形AFBD面積の半分－四角形AECD面積の半分

＝（四角形AFBD面積－四角形AECD面積）の半分

＝四角形EFBC面積の半分

このことから、次の三角形の面積の特徴を理解しておくと、とても役に立つよ。

底辺BCを通る直線に対して平行な線アイを描く。

頂点A'が直線アイ上にある限り、それによりできる三角形A'BCの面積は、元の三角形ABCの面積と変わらない。

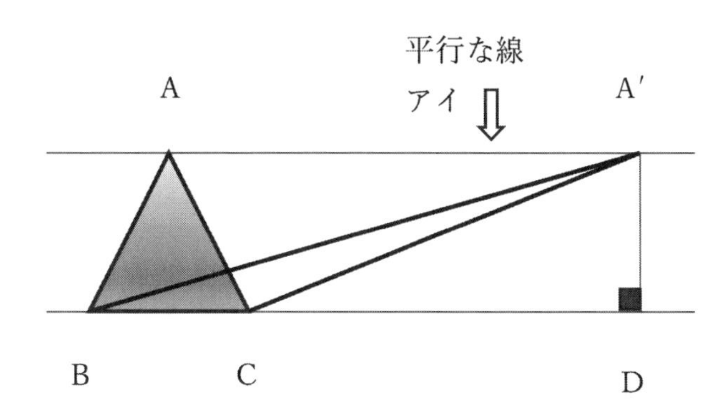

この場合の三角形の高さは、その頂点A′が「底辺を延長してできた点D」と垂直に交わる垂線の長さ。このことが一番大事だ。

3 円周率とは

円の面積の主役は、円周率π（パイ）だ。普通3.14を使うが、本当は、3.141592653……とどこまでも続いて終わりのない数。

円周率のこぼれ話

円周率の歴史は長く、紀元前2000年頃に古代バビロニアで生まれ、円周率を３として計算していた。

紀元後500年頃、中国で円周率に「$\frac{335}{113}$」を使っていた人がいた。この分数を少数で表現すると、少数点以下６桁まで一致する。おどろきだね。

現在では小数点以下22兆桁まで求められている。

今、半径５㎝の円を描き、その円の中に、図のような正三角形を６つ描く。正三角形の３辺は等しいので、
「辺AB ＝ 半径」が成立する。

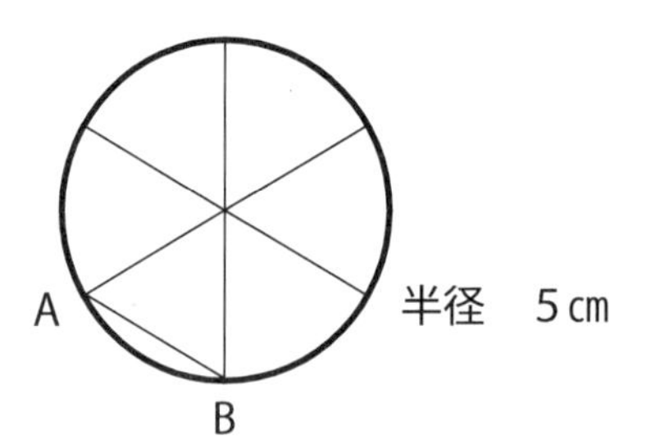

この正六角形の外周は、半径と底辺ABが同じ長さであるので、ちょうど30（５ × ６）㎝となる。

一方、この正六角形を正12角形……と角を増やしていくと、その外周は、円周に限りなく近づくことになるだろう。

30 ㎝ ➡ 31.4 ㎝

重要！

円周 ＝ 直径（2 × 半径）× 3.14

この公式は円の大きさに関係なく、常に成立する。

次のことを覚えておくとよい。

正六角形の外周 対 円周 ＝ 3 対 3.14

注 「対」は「たい」と読み、これを比例式と云うが、5章で学ぶ。

4 円の面積の公式

これから、円の面積を検討するが、まずは、公式を覚えることだね。

円の面積 ＝ 半径（r）× 半径（r）× 3.14（π）

今度は、半径 r の円を描く。その外側に、円に接する正方形を描く。

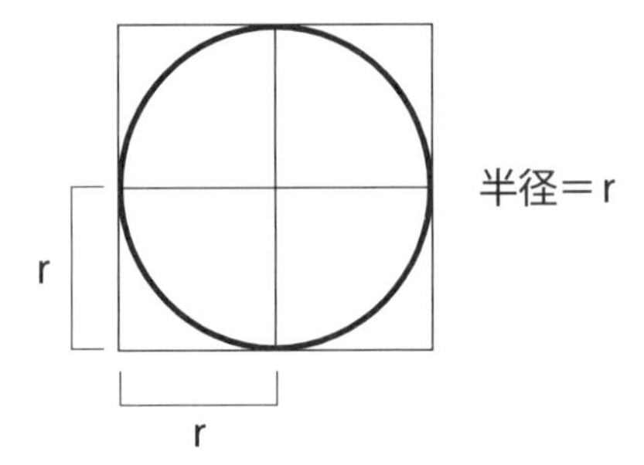

この図形から解るのは、

◆ 正方形の全体の面積　…… r × r × 4 個

◆ 円の面積の公式　　　…… r × r × 3.14倍

■ 例題（図Aに同じ）

ある正方形がある。その面積は100㎠だった。この正方形の内側に接する円の面積はいくらか。

まだ習っていないが、正方形の面積と円の面積の比が4対3.14を利用すれば、簡単に解ける。

ここでは、まず、円と外接している正方形の「辺の長さ」を計算する。

長さ × 長さ ＝ 100　なので　辺の長さは10㎝

そこで求める円の半径は、5㎝（直径の半分）となる。

円の面積

＝ 5 × 5 × 3.14 ＝ 78.5㎠

面積の比で計算すると

4 対 3.14 ＝ 100対 □

□ ＝ 100 × 3.14 ÷ 4 ＝ 78.5㎠

正方形と円の面積の比 正方形の面積 対 円の面積 ＝ 4 対 3.14 これで、円の面積のイメージはつかめたかな。

面積でも、Ⅰの部「5章 およその数」の応用で、「およその面積」を求めることがある。

例えば、東京ドームは四角形、北海道は三角形をイメージして計算するなどかな。

公式の証明は必要か

円周率や円の面積などの公式を証明できなくても大丈夫だ。大切なのは、自分なりにイメージをつかんで、納得して、使いこなすことだ。

できなくとも焦(あせ)る必要もない。みんなが知っていることは、いつでも聞けるし、調べることも容易だ。選択と集中、つまり、どうしてもムリだったら、その時は、捨てることも重要だ。

5 三角形の内角の和

重要な定理

どんな三角形でも内角の和は、180度になる。

これを知らないと解けない問題は、あまりにも多い。

しかし、この段階で、三角形の内角の和が、180度になることを理論的に証明するのは少し難しい。

なお、中学では、同位角と錯角の性質を使って証明している。

そこで、教科書にも紹介されている下記の方法で、体験的に理解すれば十分と考える。色々な角度の三角形を試すことも忘れないでね。

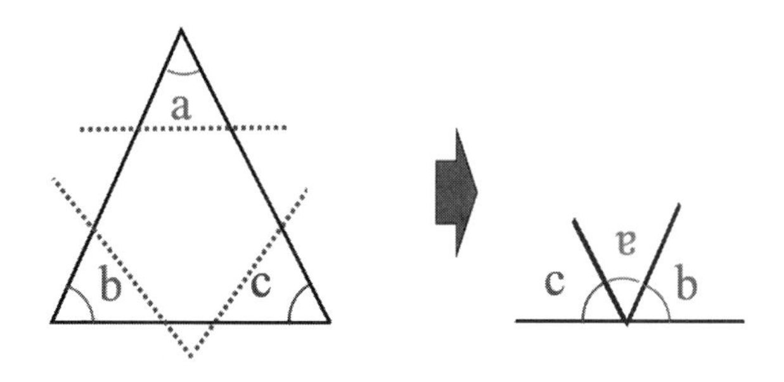

それでも理論的に確かめたい人のために。

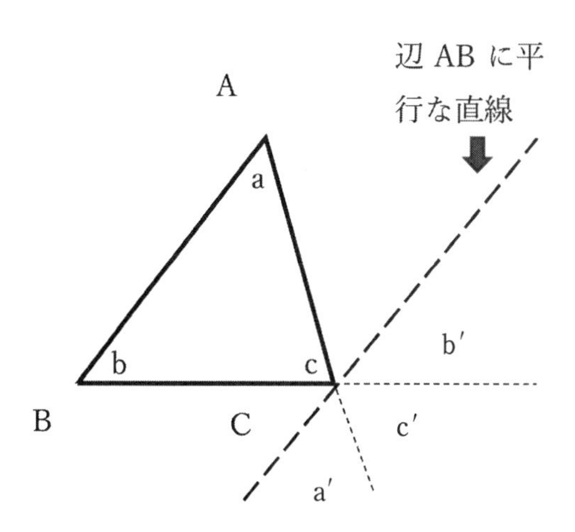

図に示すように、三角形ABCがある。頂点A、B、C、に

対応する内角を、角ａ、角ｂ、角ｃとする。
　底辺ＢＣの延長線を描く。
　辺ＡＣの延長線を描く。
　次が一番重要なポイントだ。
　点Ｃを通過するように、辺ＡＢに平行な補助直線を描く。

　ここで、角ｂ′＋角ｃ′＋角ａ′は直線になるので、この性質を利用すれば、三角形の内角の和が180度であることを証明できるはずだ。

　ここで、作図をじっと見ていると、次の「重要 ！」に気づくだろう。

重要！

平行な同位角は等しいので、
　角ａ　＝　角ａ′
　角ｂ　＝　角ｂ′

また、対頂角は互いに等しいので、
　角ｃ　＝　角ｃ′

注　互いに向かい合っている角のことを対頂角と云う。

6 多角形の内角の和

重要な公式

多角形の内角の和 ＝ 180° ×（□－２）

□の中に入る数は、どんな数かを考えよう。

ところで、四角形は、２つの三角形に分割でき、五角形は、３つの三角形に分割でき、六角形は、４つの三角形に分割でき……と、どこまでも続く。

下の五角形の図形を見てもらえば、そのことが明らかだ。

辺の数　5

三角形の数　3

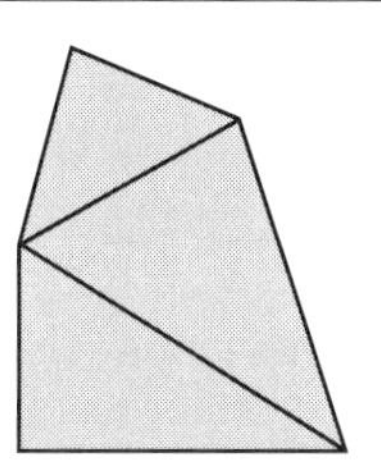

公式が示す内容は、

◆ 180° が、三角形の内角の和を示し。

◆ □が、その多角形の「辺の数」で。

◆（□－２）が、その多角形に含まれている「三角形の数」となる。

そこで実際に内角の和を計算すると

＊ 三角形のケース

三角形の辺の数は3なので、(□－2)は1になる。
180度 × 1 ＝ 180度

＊ 図の五角形のケース

五角形の辺の数は、5なので、(□－2)は3になる。
180度 × 3 ＝ 540度

7 拡大図と縮図(しゅくず)

君たちは、今、日本列島をたった1枚の地図で見ることができる。しかし、そこに至るまでには、多くの困難があった。

江戸時代、最初に正確な日本地図を作った人がいた。その距離の測量は、主に歩数(歩幅69cm)で計算していた。なんと、日本全土を測量するために歩いた距離は、地球一周分。

そして、完成した日本全図は、日本列島を大図214枚(1枚の大きさは畳1枚)でカバーする膨大なものだった。

ここでの学習目標は、観光マップなどに記載されている縮図から、実際の距離を計算できること、また、公園の敷地などの測量の結果から、１枚の縮図を描けること。

そして、拡大図とは、図形を縦や横に同じ割合で、「引き延ばした図」で、「縮めた図」が縮図だ。

なお、拡大図と縮図での変化は、長さに対する比で、面積に対する比ではない。

重要！

拡大図と縮図では、辺の長さは変わるが、角度は変わらない。

辺の長さの比で、「２倍の拡大図」、「$\frac{1}{5}$の縮図」と表現する。

実際の長さを縮めた割合のことを縮尺（しゅくしゃく）といい、
１／10,000　　１：100,000 などで表現される。

上空から見える屋根の形は、ドローンで拡大しても、縮小しても形は変わらない。このことを「相似（そうじ）」といい、大きさは、当然、異なる。

また、形は同じで、かつ、大きさが等しい場合を「合同（ごうどう）」と云う。

8 縮図の利用

天神橋から眺める「げんこつ山」の夕焼けは美しい。

そこで、ここから、げんこつ山の高さを測ることにした。げんこつ山の山頂までの仰角（ぎょうかく）（水平を基準とした上方向の角度）を測ると20度であった。

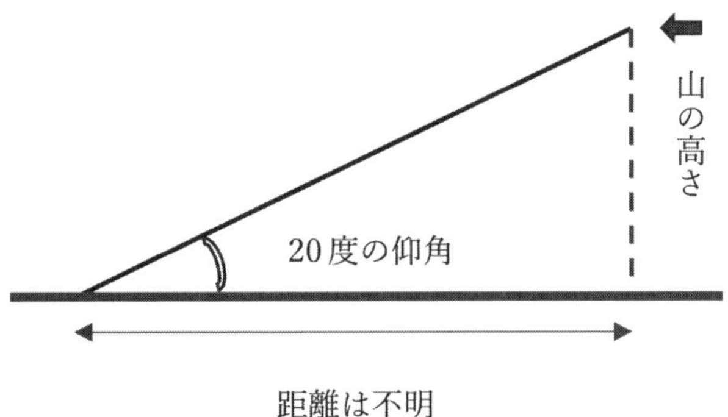

しかし、巻き尺では、この天神橋から、げんこつ山までの距離が測れない。

そこで、市の観光ガイドマップ（縮尺「1／10,000」）を利用することにした。

■ 例題 1

観光ガイドマップ上で、げんこつ山から天神橋までの距離を定規で測ったら15㎝。

では、実際の距離は、何メートルか。

ここに登場する距離は、「実際の距離」と「縮図上の距離」があり、縮尺が示されれば、

◆ 実際の距離から縮図上の距離への変換
（縮尺かける）
◆ 縮図上の距離から実際の距離への変換
（縮尺の逆数をかける）

……が可能となる。

実際の距離 ＝ 縮図上の距離 × 縮尺の逆数
＝ 15cm × 10,000 ＝ 150,000cm ＝ 1,500m

■ 例題 2

げんこつ山の高さを計算してみよう。

そのためには、縮図を作成する必要がある。
そこで、縮尺（地図のサイズ）を「1／10,000」とした。

底辺を15cmとする仰角20度の直角三角形を描く。
そして、三角形の高さを定規で測ると5cmであった。

これを実際の高さに変換すると、

5㎝ × 10,000 ＝ 50,000㎝ ＝ 500ｍ

でも、この山の高さは、昔から530ｍと云われているので、30ｍもの差が生じてしまった。

その後、調査の結果、この天神橋付近の海抜は30ｍであることが判ったため、この30ｍをたすことにした。

500 ＋ 30 ＝ 530ｍ

標高（ひょうこう）と海抜（かいばつ）

標高とは、東京湾の平均海面を0mとし、そこから測った土地の高さ（全国共通）。

海抜は、近隣の海面からの高さ。

海抜は、山の所在地ごとに異なるので、東京湾を基準とする標高で、山の高さを公平に評価している。

9 線対称と点対称

有名な歴史的な建造物には、左右対称形のものが少なくない。それは、このようなバランスのとれた形に、荘厳さや安定感が感じられるからだ。

重要!

ここでの「線対称」とは、図形を特徴づける性質の1つで、ある直線を軸として図形を反転させると左右がピッタリと重なり合う対称な形のことだ。

この線対称な図形の中央を貫く直線を「対称軸」と云う。

理解を確実にするために、直線アイを対称軸とする「線対称な形」を右側に描いてみよう。

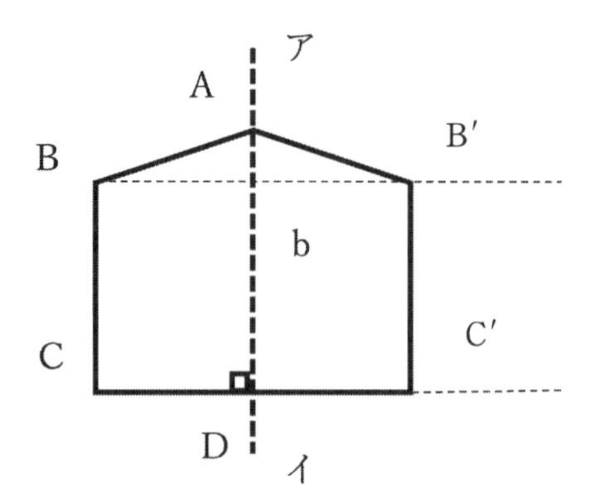

点B及び点Cから対称軸に垂線を引く。そして、対称軸との交点を点bと点Dとする。

コンパスの針を点bと点Dに刺して、線対称な点B′と点C′を決める。

あとは、辺AB′、辺B′C′、辺C′Dを描けば完成。

次に点対称を検討しよう。

点Oを中心にして180度回転させると、元の形にピッタリ重なる図形を「点対称な形」と云う。

点Oのことを「対称の中心」と云う。

少し難（むずか）しく感じるが、実際に、点対称の図形を描いてみることにより、納得してもらえると思う。図形は先程の線対称で使ったものと同じものを利用する。

そのわけは、線対称と点対称では何が違い、何が共通かを理解してもらうためだ。

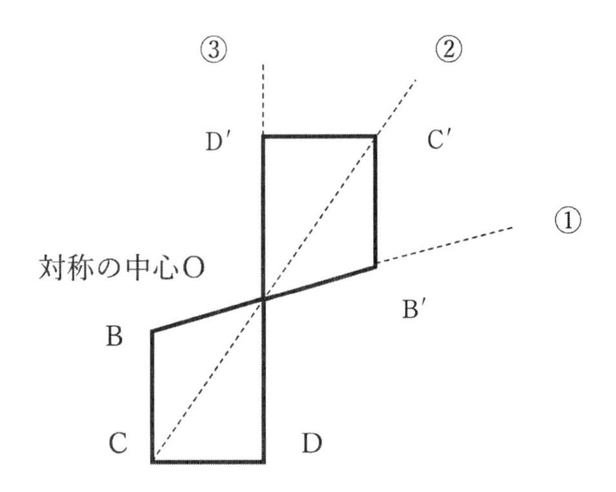

ここでは、点Oを「対称の中心」とする。

まず、点B、点C、点Dから、「対称の中心」である点Oを通過する補助線を３本引く。

次にコンパスの針を点Oに刺して、補助線上に、距離が同じようになるように、交点B′、C′、D′を求める。

最後に、辺OB′、辺B′C′、辺C′D′、辺D′Oを描けば完成。

4章

かさ（体積）の理解

君たちは、空間の中で生活している。そして、身の回りのすべての物体は、３次元の空間を占めている。１枚のコピー用紙さえも、わずかに厚みがあり、３次元の空間を占めている。

1 かさの理解

君たちの身の回りには、水、油、牛乳など、液体と呼ばれるものが少なくない。「かさ」とは、液体の大きさの単位のこと。日常生活では、ミリリットル（mL）が使われている。

重要！

１リットル ＝ 1,000ミリリットル（mL）
１リットル ＝ 10デシリットル（dL）

かさのたし算や引き算の問題では、この単位の換算が必要。

そもそも、１リットルとは、どのくらいの量なのか調べてみよう。牛乳パックは、その内容量が1,000mLと表示されている。これが、１リットルの量だ。

2 体積の計算

体積とは、整理ダンスなどのような「立体が占める大きさ」のこと。

そこで、内容量1,000ｍＬと表示されている牛乳パックの体積を、物差しを使って計算してみよう。

物差しで測ると、底が49平方センチメートル（７㎝×７㎝）で、高さが20㎝だから、その体積は、980ｍＬとなり、ほぼ1,000ｍＬであることが分る。この差は、計算誤差(ごさ)の範囲と考えよう。

■ 例題 1

牛乳1,000ｍＬを「たて、横、高さ」が10センチメートルの「立方体の容れ物」に移すとどうなるか。

10 × 10 × 10 ＝ 1,000 などで、こぼれることも、不足することもない。

まさに、一辺が10センチメートルの立方体が、ちょうど１リットルだ。覚えておくと便利。

直方体の体積 ＝ たて × 横 × 高さ

液体の「かさ」と「体積」の関係は、重要だ。

1,000ｍL ＝ 1,000立方センチメートル（㎤）

1ｍL ＝ 1立方センチメートル

「かさ（ｍL）」のことを「体積（㎤）」でも表現できるのだね。

次のような計算問題もよく見かける。

800㎤ ＋ 2L ＝ 2,800㎤ ＝ 2.8L

■ 例題 2

1立方センチメートルの角砂糖がたくさんある。この角砂糖を規則正しく並べて、一辺の長さが1メートルの立方体を作りたい。角砂糖は、いくつ必要なのか。

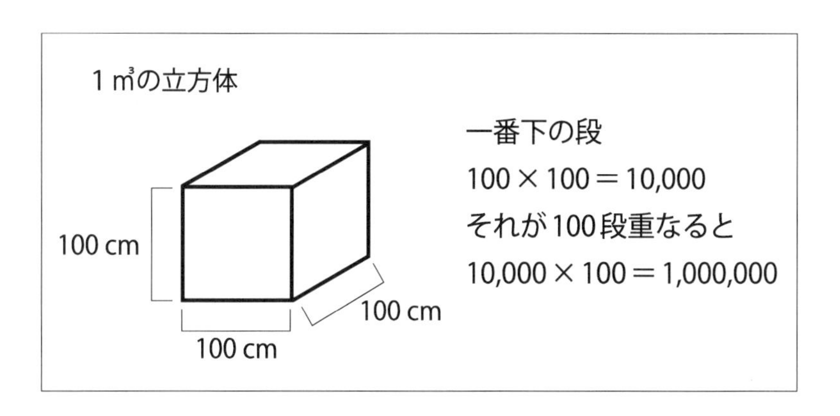

100cm × 100cm × 100cm = 1,000,000立方センチメートルなので、角砂糖の数は百万個も必要になる。

1立方メートル = 1,000,000立方**センチ**メートル

3 容積と体積の違い

よく似た用語に、かさ、体積、容積(ようせき)という言葉がある。簡単に云うと「かさ」=「体積」だ。

では、「容積」とは何だ？？？

「お米のマス」を使って容積と体積の違いを考えよう。

モノを入れるための「お米のマス」のような「容れ物」には、その内側に空間がある（写真参照）。そして、その「容れ物の内側の長さ」を「内のり」と云い、容れ物の中に入る水の量を、その容れ物の「容積」と云う。

従って、容積は「モノが入る空間の大きさ」を示す。

一方、体積は、「立体が占める大きさ」であるので、それから、「モノが入る空間の大きさ」である容積を引くことにより、「容れ物の体積」が計算できる。

また、別の視点からも計算できる。木で作られたマスは、水に沈まないが、石のように沈めば「こぼれた水の量」が、容れ物（マス）の体積となる。

これで、容積と体積の違いを理解できたかな。

5章

割合と比

今、絶滅危惧のベンガルトラとインドゾウの大きさを比較しよう。インターネットで調べると、

ゾウの方が5,000kg

トラの方が　200kg

引き算を用いて、体重差を計算すると

5,000 − 200 = 4,800kg

割り算を用いて、体重を比較すると

5,000 ÷ 200 = 25倍

君なら、ゾウとトラの大きさを比較するなら、どちらの方法を選択するかな。

まさに、割合とは、２つの量の比較だ。

これから、割合、百分率、比などと、似たような言葉が出てくるが、ムリして定義を覚える必要はない。

なぜなら、その目的は、みな同じで、比較の表現方法の違いにすぎないからだ。

1 割合って何

「2割引セール」の表示は、見たことはあるね。

この意味は、元々の価格(1,000円)の2割(200円=1,000×0.2)を値引いて、800円で販売することだね。

この2割(0.2)は、200を1,000で割って求められる。この2割のことを「割合」と云うのだ。

割合とは、2つの量を比べるための計算法。
それは、割り算や分数の形式で表現される。

そこで「何のために比べるのか」か「どの様に比べればいいか」が分かるようになれば、君は割合の達人だ。

2 割合の計算

坂戸市の人口を使って割合に挑戦してみよう。

坂戸市の人口	101,700人
埼玉県の人口	7,194,556人
川越市の人口	342,670人

割合の計算ですべきことは、ただ一つ、２つの量の比較だ。それは、四則計算の中では、割り算を使うことだね。

■ 例題 1

君たちの住んでいる坂戸市の人口は、埼玉県全体の何％を占めているだろうか。

求める割合

＝ 坂戸市の人口　÷　埼玉県の人口

＝　0.014　➡　1.4％を占めていることが分る。

■ 例題 2

次に、蔵造りで有名な隣の川越市と坂戸市の人口を比べてみよう。

川越市の人口は、坂戸市の何倍か。

＝ 川越市の人口　÷　坂戸市の人口

＝　3.37　➡　3.4倍であることが分る。

ここで、注目して欲しいのは、坂戸市の人口が「比べられる量」になったり、「もとにする量」になったりしている。どちらにするのかは、何を知りたいかで決まる。

公式から入ると、それが、固定的なものと勘違いする人もいるね。割合の攻略法は、頭を柔軟思考にすることだ。

上記の計算の結果、君は、埼玉県や川越市の人口を正確に覚えていなくとも大丈夫だ。坂戸市の人口10万人をもとに、県全体での占める比率（1.4%）や川越市の人口が坂戸市の3.4倍であることさえ、覚えていればいいからだ。

そればかりか、実際の数（7,194,556人、342,670人）で表現するよりも、この割合による表現の方が、優れている場合が少なくない。

割合の公式

比べられる量 ÷ もとにする量 ＝ 割合

これ以外にも2つの公式があるが、覚えるのではなく、上記の公式から導けるようにした方が合理的だね。

比べられる量 ＝ もとにする量 × 割合

もとにする量 ＝ 比べられる量 ÷ 割合

どちらが、比べられる量か、もとにする量かに迷う人がいる。だが、どちらを「もとにする量」にするかは、君が決めることだ（試験以外）。

そして、「もとにする」とは、その量を「1倍」とみなして、比べられる量に対する「比較の基準」にすることだ。

■ 例題 3

割合の基本問題に挑戦してみよう。

君のクラスでは、30名がスマホを持っている。それは、スマホを持っていない人の3倍に相当する。それでは、スマホを持っていない人は何人か。

A法　割合の公式を使って

比べられる量（持ってる）÷もとにする量（持ってない）

＝ 割合　　　なので、

30人 ÷ X人 ＝ 3（倍）

これを計算すると10人

B法　問題の内容を方程式におきかえる。

スマホを持っている人数 ＝ 持っていない人数 × 3倍

30人 ＝ X人 × 3（倍）

これを計算すると10人。

ここでは、公式を意識しないで計算している。

❸ 百分率（ひゃくぶんりつ）について

百分率は、説明を聞くより、具体例から理解すると早い。

■ 例題

君のクラスでは、30名がスマホを持っている。それは、クラス全体の75%に相当する。クラスの人数は何人か。

これを方程式で表すと、

X × 0.75 ＝ 30　　なお、0.75は$\frac{3}{4}$だから

X ＝ 30 × 4 ÷ 3 ＝ 40（人）

これを表にすると。

区　分	人数	少数で表現	百分率（%）
スマホ所持者	30	0.75	75
持っていない人	10	0.25	25
合　計	40	1.00	100

この表をじっくり見ていると、百分率のイメージがつかめる。

人数合計の「40」を１と考えて、その内訳人数を割合（少数で表現）で、示すことが、百分率の本質に迫る発想だ。

百分率（%）は、少数で表現された数値を、ただ、100倍しているだけだからね。

重要！

百分率は、全体を100として、各項目の割合を示す表現方法。

１%とは、少数の0.01のことだから、100倍しているとの意味から「%」をつけるのを忘れないでね。

ここで、「割合の考え」を整理してみよう。

2つの例題（割合の例題3と百分率の例題）から、

スマホを持っている人の割合を示す方法が、2つあることが分かった。

それは、割合（3倍）で示す方法と百分率（75%）で示す方法だったね。

もし、お母さんを説得してスマホを買ってもらいたいとしたら、君は、次のどちらの表現を選ぶかな。

A案：私のクラスでは、クラス全体の75%の人が、スマホを持っている。

B案：私のクラスでは、スマホを持っている人が、持っていない人の3倍もいる。

＊＊＊

次に歩合（ぶあい）について検討しよう。営業マンなどの給与の決め方に歩合給制と云われるものがある。それは、個人の成績（売上など）に応じて給与を計算する制度。

■例題

ある営業マンの取り分である「歩合」が、契約額の1割(0.1)であると仮定する。もし、その月の売上が800万円であったら、給与はいくらか。

それは、800万円 × 0.1 ＝ 80万円となる。

重要ではないが！　歩合の呼び名

1割 ＝ 0.1
1分 ＝ 0.01
1厘 ＝ 0.001

これらは、少数に対応した呼び名にすぎない。
整数の十、百、千などと同じように考えれば十分だ。

この歩合は、野球選手の打率など、一部で使用されているようだ。30%打者や0.3打者では、ピンとこないので3割打者と呼んでいるのかもしれない。

❹ 割合と比の違い

今、和風ドレッシングを作ることになった。その内訳は、サラダ油70mL、酢50mL、しょうゆ30mLだ。

ここで、割合の公式を思い出して欲しい。その公式には、「比べられる量」と「もとにする量」の2つの量の比較があるだけだ。この和風ドレッシングのように、3つ以上の量を比較することはできない。

お手上げだ。……　そこで、「比の登場」となる。

例えば、色々な化学薬品を混ぜて製造するインクがあると仮定する。おそらく混ぜ合わせる原料が数十に及ぶので、その配合(はいごう)比率は、「比」で表されることになる。

それが、外に漏(も)れてはいけない重要なノウハウ(秘密の方法や手順)である場合には、この比の情報は、ほんの一握りの人しか知らされていない。

5 比の計算

「比」とは、牛乳と紅茶の割合を『3：5』のように表現すること。

読み方は「3対（たい）5」と言う。

また、「3：5」には、「比の値」と云う別の顔がある。それは、次のように表現する。

◆ 割り算の形式で「3 ÷ 5」

◆ 分数の形式で「$\frac{3}{5}$」

比は「怪人三面相（かいじんさんめんそう）」なのだ。

「3：5」または「3 ÷ 5」そして「$\frac{3}{5}$」と三つの顔で現れるが、同一人物だから、だまされないでね。

■ 例題 1

今、ここで、牛乳と紅茶を3：5の割合で混ぜて、1200mLのミルクティーを作ると仮定する。

牛乳と紅茶をそれぞれ何mL用意すればよいか。

このような問題は、視野を広くすると解決の糸口が見つかる。日頃から広い心を持つことが大切だね。

つまり、牛乳と紅茶の比ではなく、「牛乳とミルクティー（全体は8）との比」におきかえて解くのがコツだ。

3：5ではなく

3：8　や　5：8におきかえる。

すると、次の比例式が成立する。

3：8 ＝ X：1,200

5：8 ＝ Y：1,200

この比例式の解き方は、いくつもあるが、一番簡単な分数を使って解いてみる。

$\frac{3}{8} = \frac{X}{1,200}$　両辺に1,200をかけると、

$X = 1,200 \div 8 \times 3 = 450$

答えは、牛乳が450ｍL。

■ 例題 2

ここに、ミルクティーがある。そのレシピは、牛乳と紅茶を３：５の割合で混ぜる。牛乳が90ｍＬの時、紅茶の量は何ｍＬ用意すればよいか。

これこそ、よく出題されるパターンだね。

比例式を作ってみよう。

３：５ ＝ 90（牛乳）：Ｘ（紅茶）

分数で表現すると

$\frac{3}{5} = \frac{90}{X}$　両辺に「Ｘ × ５」をかけると、

３ × Ｘ ＝ 90 × ５

Ｘ ＝ 90 ÷ ３ × ５ ＝ 150

答えは、紅茶が150ｍＬ。

比は、比例式が、正しくイメージできるかがすべてだ。

３：５ ＝ 90：Ｘ　などを比例式と云う。

力のある人は「3つ以上の比」の問題にも、トライしてみよう。

欧米（おうべい）人は「比」がお好き

欧米人との会話では、50：50などの表現が、よく使われる。ところで「：」の部分を何と発音するのかな。

それは、「 to 」だ。

50 to 50となるが、toを省略する人もいる。

正確には、50 to me　50 to you のことだ。

比を上手に使いこなすことが、国際人になるための一歩かもしれない。

6章

比例と反比例

ここで学ぶ比例と反比例は、中学で習う「関数（かんすう）」の「入り口」と云われ、とても大事な単元だ。

ところで、関数とは、どんなものかな。

Y ＝ 180 ×（ X － 2 ）

これは、多角形の内角の和を求める公式だが、思い出してくれたかな。

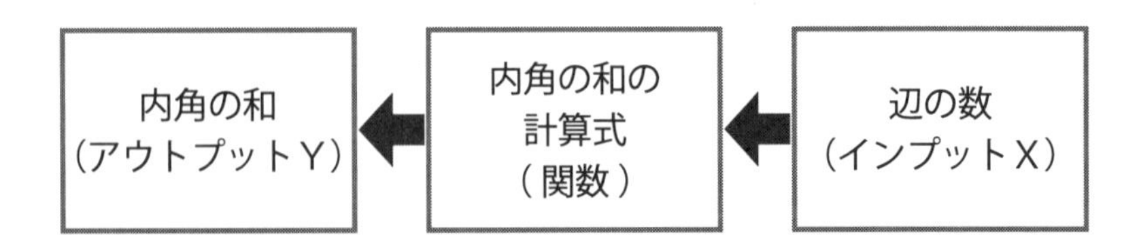

1 比例

小学校で学ぶ比例は、「パイプの重さは、その長さに比例する」、「電気代は、その使用量（キロワット）に比例する」などの簡単な問題にとどまる。

様々な社会現象や自然現象も、何かが変動すると、その結果がどうなるかが関心事となる。

そこで、変動する事象と、その結果との関係性を数式で示すことは重要だ。

天才物理学者 アインシュタインは、エネルギーと物質との関係を　E ＝ M × C × C　で示した。この式の意味は、Eがエネルギー、Mが質量（しつりょう）（ほぼ重さ）、Cは光速。

ただし、物質の持つ質量をエネルギーに変換させることは非常に難しい。この原理の応用例が原子爆弾や原子力発電だ。核兵器の威力が示すように、人類は、とてつもない力を持っていることになる。

なお、ここに登場する「光速C」が、不変（決まった量）なので、E = M × C × Cは、正比例のケースとなる。

また、仕事において、表計算ソフトは、なくてはならない存在だ。そこでは、データ間の関係式を自在に作れなければ、仕事にならない。

いずれにしても、中学で学ぶ難しい「関数」は、それほど必要とは思わないが、この比例の考え方は、生活のすべてに関わっている。

2 反比例

長方形の面積を用いて反比例の意味を理解する。

16平方センチメートルの長方形の面積を使って、「たて」と「横」の関係を表にすると、

たてX	1	2	4	8	16
横　Y	16	8	4	2	1
面積	16	16	16	16	16

方眼紙を使って、X軸とY軸との交点をプロットしよう。

そして、フリーハンドで5つの点を結んでみよう。

まさに、この「なめらかな曲線」が反比例のグラフだ。ここで、反比例の特徴が理解できれば、反比例のチョト変な式も好きになれるだろう。

なお、比例と反比例の要点は、次の通り。

小学校における比例と反比例の要点

	比　例	反比例
式	Y＝決まった量×X	Y×X＝決まった量
式の意味	2つの量XとYがあって、Xが2倍、3倍になると、Yも2倍、3倍になる。	2つの量XとYがあって、Xが2倍、3倍になると、Yが$\frac{1}{2}$倍、$\frac{1}{3}$倍になる。
グラフ	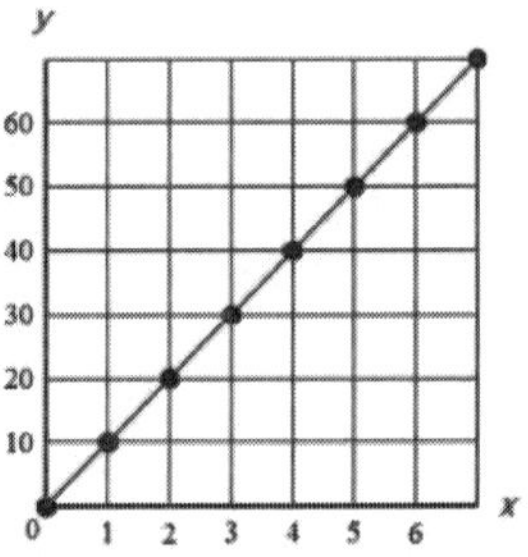	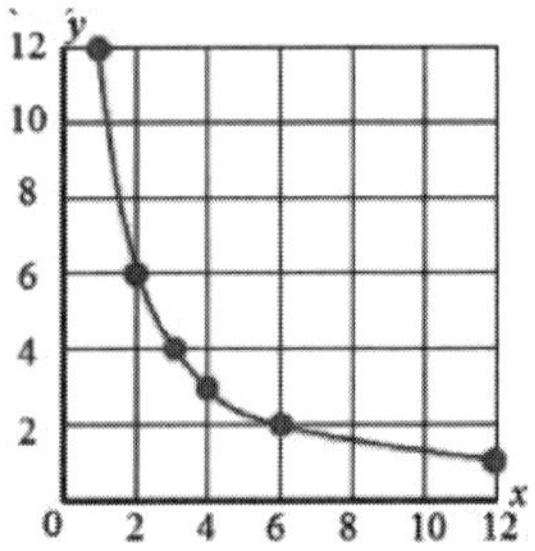

3 平均って何

「平均とは、いくつかの数をその個数でならしたもの」と云われると、難(むずか)しく感じるが、例題で確かめてみよう。

平均 ＝ いくつかの数を集計した数 ÷ 個数

■例題 1

次の条件で、算数の点数の平均を求めよ。

クラスの人数 …… 20人

全員の得点を集計した数 …… 1,500点

平均 ＝ 1,500 ÷ 20 ＝ 75点になる。

■例題 2

君の点数は78点で、平均を上回っているが、クラスの順位は12番であった。なぜ、10番までに入らないかを調べてみることにしよう。

まずは、単純な平均や順位にこだわらないで、クラス全員の得点の分布状況を調べることにする。

得点の度数分布表

得点の範囲	人数（度数）
91点以上	1
81点から90点	10
71点から80点	2
61点から70点	5
51点から60点	1
50点以下	1
合　計	20

このケースのように、平均や順位では、よく分からない場合が多い。しかし、度数分布を調べることにより、自分の位置やクラス全体の状況が明確に理解できる。

その結果、君より得点の低い人が平均点を下げていることが分かった。そのことを、どう解釈するかは君が決めること。大切なことは、あまり成績や周りを気にせず、自分の目標に向かって一歩一歩、着実に歩むことだね。

7章

場合の数

「場合の数」とは、ある事柄が起こる場合をすべて数え上げて、「何通りあるか」を求めること。

ほとんどの設問では、すべての場合を書き上げて、それを数えれば正解は出るはず。君たちには、公式を使わないで解くことを強く勧める。そこで、樹形図(すべての場合を枝分かれで表した図)などを描いて数え上げることになる。

1 並べ方と組合せ

場合の数の問題は、並び順を考える「並べ方」と、並び順を考えない「組合せ」に大きく分かれる。

重要! Ⓐ、Ⓑ2人の並べ方と組合せ

並べ方(順列)	並び順を考える	Ⓐ、Ⓑ Ⓑ、Ⓐ	2通り
組合せ	並び順を考えない	Ⓐ、Ⓑ	1通り

2 将棋戦から読み解く

ある小学校で、クラス名人を決めるための将棋戦を開くことになった。参加者として24名が募集に応じた。

そこで、試合方法として、全員が参加でき、開催時間を短縮できるトーナメント方式を選んだ。

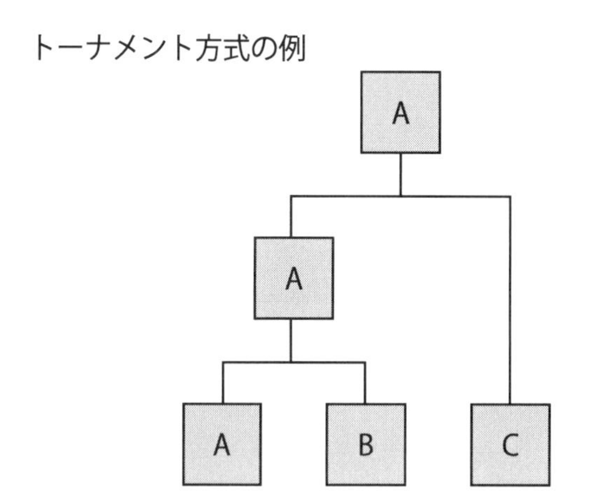

そうすると１回戦で24人が12人に、２回戦で６人に、３回戦で３人が勝ち残る。

すると、勝ち残った３名での戦いは、総当たりの「リーグ戦でどうか」との提案があった。

ところが、この試合数に関して、３試合で十分と言う人と、６試合が必要という人がいた。

話し合いの結果、その違いは、先手A対後手B（リーグ戦表の○）と先手B対後手A（リーグ戦表の△）は、「試合内容が同じ」か、どうかに行き着いた。

リーグ戦表

		後手		
		A	B	C
先手	A		○	
	B	△		
	C			

もし、そのゲームの先手（または後手）が明らかに有利であれば、違うゲームであることになる。

今回の将棋に関しては、勝敗への影響は軽微であると考え「3試合」に決めた。

A対BとB対Aは、同じ意味の場合と違う場合があり、それにより「場合の数」が変わる。

3人の対戦成績は1勝1敗で、2勝する人がいなかった。そこで、相撲に詳しい人が巴戦を提案してきた。

そして、A君が連続2勝したため無事終了した。

巴戦とは

15日間にわたる熱戦が繰り広げられる大相撲は、勝星数が一番多い力士が優勝するリーグ戦。

たまたま、相星(あいぼし)(勝星数が同じ)の力士が3人いる場合、決定戦で連続して2勝した力士が優勝者となる。

3 AI(エイアイ)(人工知能のこと(じんこうちのう))との共存

AIの進化が目覚ましい。やがて、人間は、コンピュータ、AI、ロボットがある環境を「自然」として受け入れ、普段の生活の中に溶け込む。

また、プログラミング教育も本格化する。君たちは、コンピュータやプログラミングなどの基本的な原理を理解することは必要かも知れないが、だれもが細かいテクニック的なことを学ぶ必要はない。

そこで、大切なのは、AIを味方にして、自分のパワーアップを図り、人生を楽しく生きるか、AIに使われて自由のない生活に終わるかだ。

少なくとも、与えられたものだけを学び、言われたことだけを実行する生き方には未来はない。

＊＊＊

中学時代、将棋(しょうぎ)に熱中したことがあったが、勝利の方程式は、何手先まで深く読めるかにあった。

近年、AIがプロ棋士たちに勝利したことが話題になった。将棋は、マス目や駒の数、駒の動ける行動も決まっている。それは、AIが得意とする分野なので当然のことかもしれない。

だが、現実の生活や仕事では、全部で何通りあるかを計算することはあまりない。むしろ、ほかに魅力ある選択肢がないかを考え、分類・整理して、評価するプロセスが重要だ。

保護者へ　成績で評価する時代は終わった

さて、人工知能・ロボットの登場により、仕事の面では、手先が器用、記憶力が高い、事務処理が速いなどの能力は、あまり必要とされなくなる。

また、弁護士（べんごし）、司法書士（しほうしょし）、税理士（ぜいりし）などの専門資格（せんもんしかく）職業も、その多くを人工知能が担うようになるだろう。

さらには、AIドクターやAIティーチャーの活躍も期待されている。

そこで、「人間とは何か」が問われ、知性や感性の役割が見直されている。

また、独創（どくそう）的なアイデアなどは、豊かな感情・感性から生まれることが多い。

これからは、人間の価値が「豊富な知識や論理的な思考」から「温かい感情や豊かな感性」に重点がパラダイムシフトすると考える。

「生活の巻」　了

あとがき

ただ、与えられたものをこなす勉強法には未来はない。どんなに完璧に理解したとしても、迫(せま)りくるAIには勝てないからだ。

現行の教科書には、6年間全体の勉強計画(ロードマップ)が示されていない。しかし、少ない労力で、多くの成果を出すためには、ムダのない効果的な勉強をするためのロードマップが必要だ。このロードマップにより、君の学習目標は明確になり、自分は何ができていないのか、を自己分析することも可能となる。

また、この全体像の理解が「学力のびのび塾」が目指している「自学自習」の出発点となる。

君たちが挑む、激動する未来社会において、必要とされるのは、ただ一つ。それは、自分の考えを主張できること。自分に自信を持つことだ。

そのためにすべきことは、覚えることではない、問題解決能力をきたえること。その一歩は、小学校の算数を本当の意味で理解することだ。

楠山 正典

▶著者紹介

楠山 正典 （くすやま まさのり）

1951年生まれ。

公認会計士としての豊富な指導経験を活かし、現在、「学力のびのび塾」の支援員などを体験しながら、子どもを感動させる実用書の執筆活動に専念している。

そのエッセンスは、物事をより深く理解することにより、自分に自信を持って生きていける力をつけることにある。

（略歴）

1976年　公認会計士試験に合格し、監査法人トーマツに入所。
1992年　パートナーに就任し、多くの上場会社などの監査責任者を担当する（2012年退職）。
2009年から2年間　日本公認会計士協会（自主規制・業務本部）の主査レビューアーとして、監査法人などの監査業務を指導する。
2020年　日本公認会計士協会を退会する。

ここから始まる算数の世界

2020年10月26日　第1刷発行

著　者　楠山 正典

発行者　日本橋出版
〒103-0023　東京都中央区日本橋本町2-3-15　共同ビル新本町5階
電話：03-6273-2638
URL：https://nihonbashi-pub.co.jp/

発売元　星雲社（共同出版社・流通責任出版社）
〒102-0005　東京都文京区水道1-3-30
電話：03-3868-3275

ISBN978-4-434-27964-5 C0041